元素生活

Wonderful Life With The ELEMENTS

寄藤文平
BUNPEI YORIFUJI

化学同人

INTRODUCTION

ヘリウムをたっぷり吸うとどうなるか、ご存知でしょうか。

美大生の頃、作品制作のために純正ヘリウムをボンベで2本購入したことがあります。

ご存知のとおり、ヘリウムを吸うと、高音のアヒルみたいな声になります。

しかし、市販のヘリウム袋では、それほど声も高くならないし、すぐ元に戻ってしまう。

これを使えば、もっとスゲー変な声が出せるかも。

僕はすべての息を吐きだし、ボンベを全開にして、ありったけのヘリウムを吸い込みました。するといきなり、視界がブラックアウト。息をしようにも、口がパクパクするだけで、まったく空気が入ってきません。頭から血の気が引いて、全身がどんどん冷えていきました。

後で知りましたが、純度の高いヘリウムは、吸いすぎると窒息して死ぬのです。

教室には自分一人。僕はなりふり構わず、外に向かって叫びました。

たちゅけてぇ〜。（↑超ソプラノ）

何だ、このふざけた声！　ヘリウムを吸うのは二つの意味で危険です。

一つは、窒息するから。もう一つは、助けを呼んでもギャグにしか聞こえないからです。

1
He
フゥゥゥ
2
クイッ
クイッ
He
カプッ
3
He
シュウウウウウ
4
He
フフフ
5
He
?!
アレッ?
目が……
6
He
パク
パク
イ
息が……

ふだんの生活の中で元素を意識することはほとんどありません。元素に詳しいとモテるという話も聞きません。（逆はありますが）机を見て、炭素を感じろといわれても絶対に無理です。

元素の話って、なんかピンと来ない。

そもそも原子とか電子とか、小さすぎです。
それでいて、この複雑な世界を118個に分けるという、大ざっぱさ。
元素には世界の核心に触れているような、ウソのない楽しさがあります。
でも、生活の中では、それを想像するには小さすぎるし、身のまわりのことを説明するには、ちょっと大ざっぱすぎるのです。

この本では、元素の楽しさをなるべく自分サイズにまとめてみました。
制作にあたっては、理化学研究所の玉尾皓平さん、京都薬科大学名誉教授の桜井弘さん、京都大学の寺嶋孝仁さんにお話を伺い、監修をいただきました。
元素を知りたいという気持ちにあんまり理屈はない気がします。
その面白さを絵と一緒に楽しんでいただけたら幸いです。

※幸い、すぐ治りました。

CONTENTS

Book Design : Yorifuji Bunpei + Kitatani Ayaka

1

ELEMENTS IN THE LIVING ROOM

リビングと元素

宇宙を構成する元素

ELEMENTS OF THE UNIVERSE

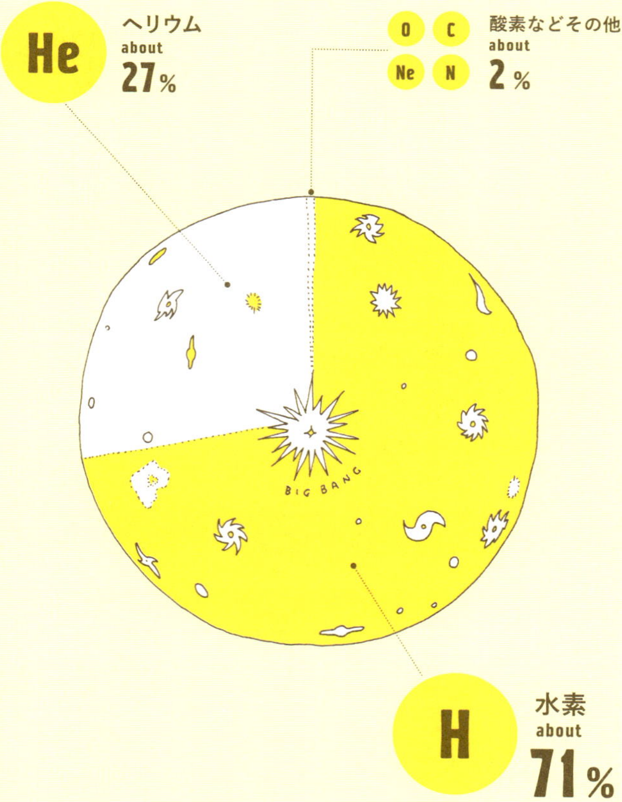

太陽を構成する元素

ELEMENTS OF THE SUN

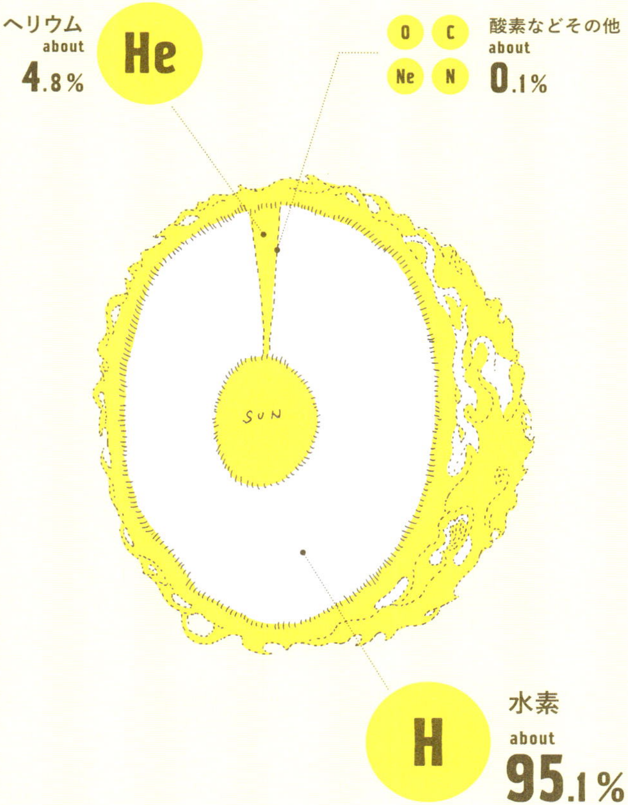

地球を構成する元素

ELEMENTS OF THE EARTH

炭素などその他
about
8.0%
Ni C Ca Al

Fe
鉄
about
34.6%

Mg
マグネシウム
about
12.7%

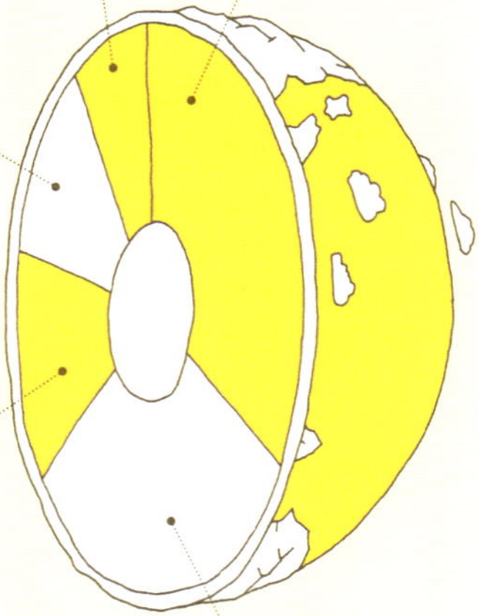

Si
ケイ素
about
15.2%

O
酸素
about
29.5%

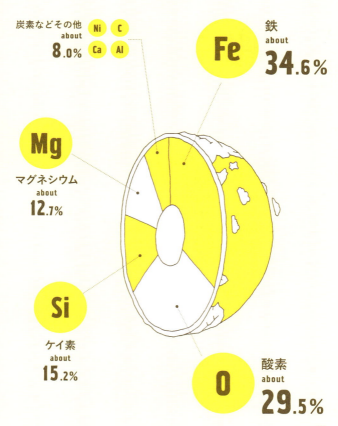

地殻を構成する元素

ELEMENTS OF THE EARTH'S CRUST

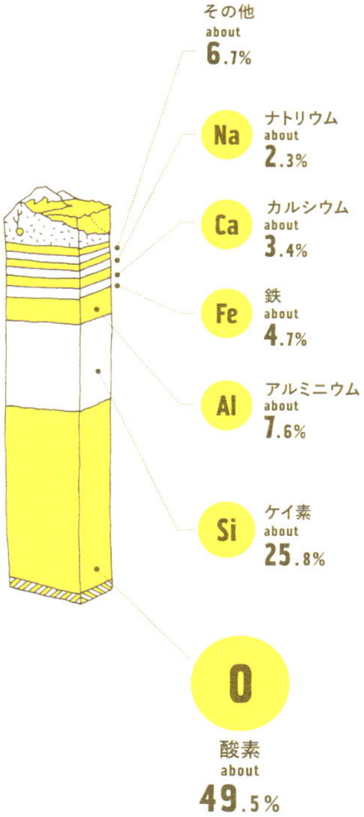

海水を構成する元素

ELEMENTS OF SEAWATER

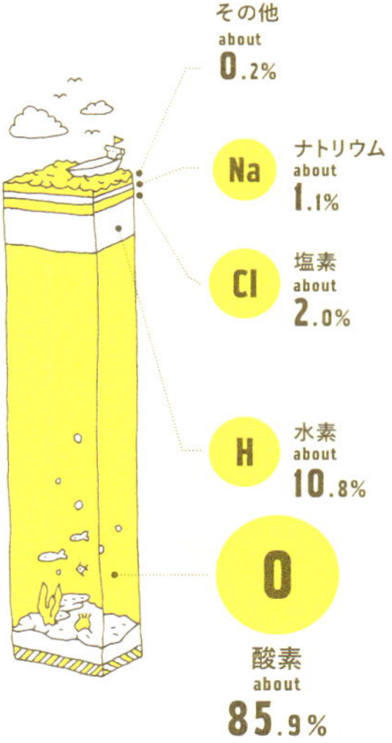

宇宙とか、地球とか、スケールの大きな話をするとき、元素はピッタリです。
ところが生活の話を元素から見てみようと思うと、これが難しい。
この何十億年も、地球の元素はとくに変わっていません。
だいたい、人が生まれても死んでも、元素にはあまり関係がない。

環境問題だって、元素的にはノープロブレム。

オゾン層に穴が開いても、大気中の二酸化炭素が増加しても
元素の組合せが変わったにすぎません。
天体が衝突するとか、核爆発が起こるとか、
そういうスケールにならないと、元素そのものに変化は起こらないのです。
でもそんなことが起こったら、生活もクソもないわけで、
元素と生活ではモノサシのスケールが違いすぎるようです。

とはいえ、元素そのものの変化ではありませんが、
1万年ぐらいのスパンで見れば、生活の中の元素にも変化が見られます。
ちょっと駆け足で、その変化を見てみましょう。

C H O
N P S

C H O
N P S

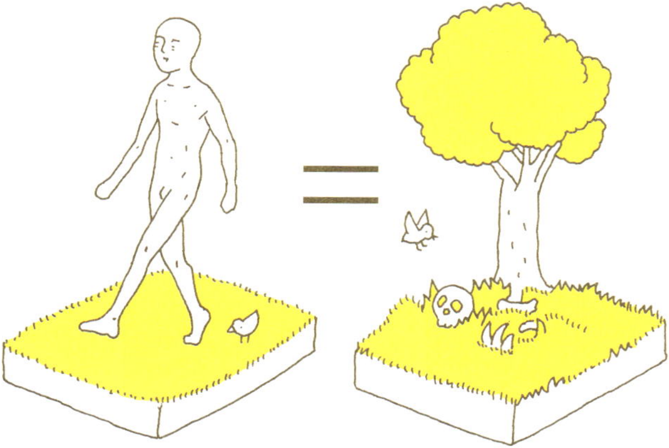

LIVE

生きている

=

DEAD

死んでいる

変化ナシ

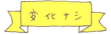

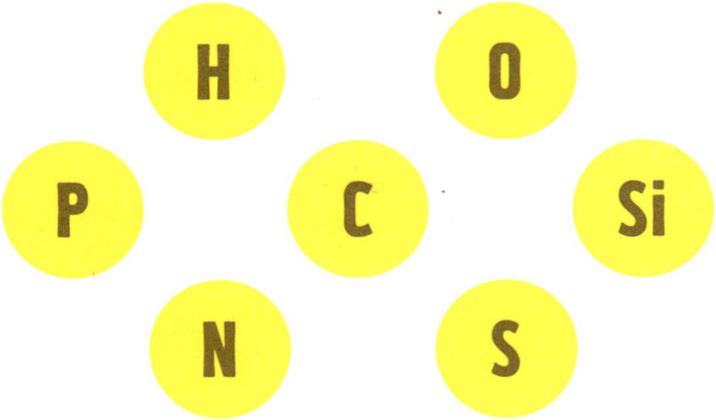
H
O
P
C
Si
N
S

原始の生活

PRIMITIVE TIMES

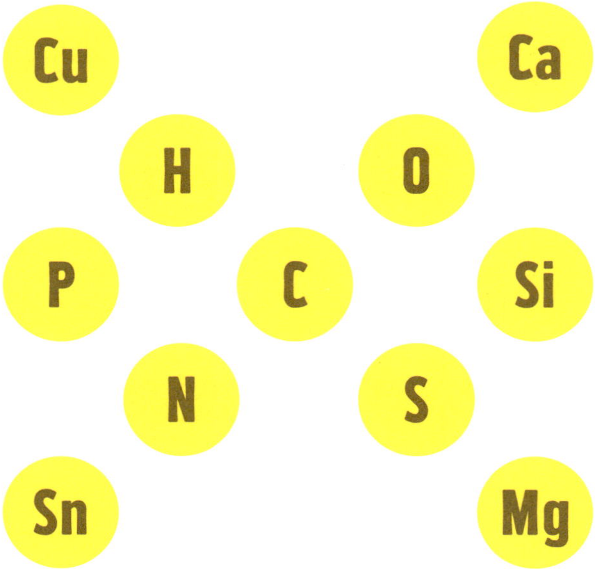
Cu
Ca
H
O
P
C
Si
N
S
Sn
Mg

古代の生活

ANCIENT TIMES

Al Fe Au

H O

P C Si

N S

Cu Ca Mg

Ag Co

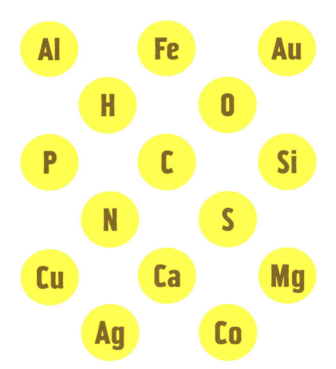

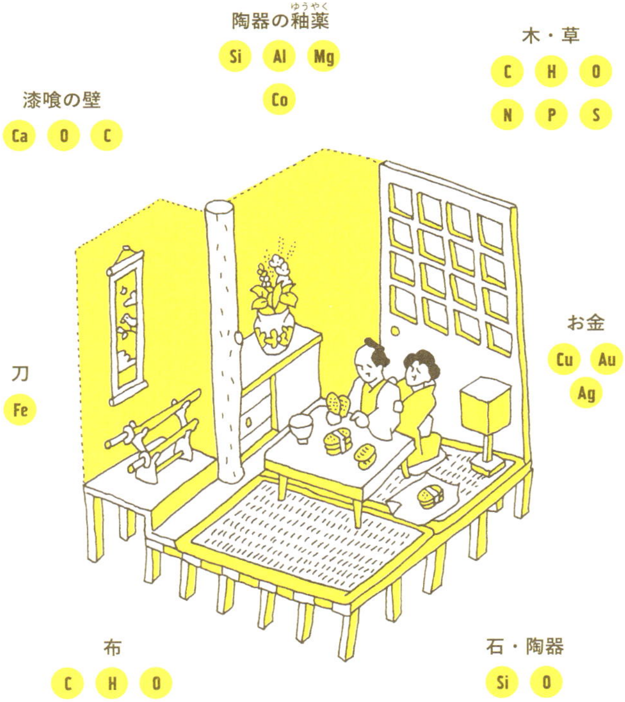

中世の生活

MEDIEVAL TIMES

As Fe W

Ru Zr In Sb

Al Cu Au

Ga H O Nd

P C Si

Li N S Hg

Br Ca Mg

Mn Co Ta Te

Mo Pb Kr

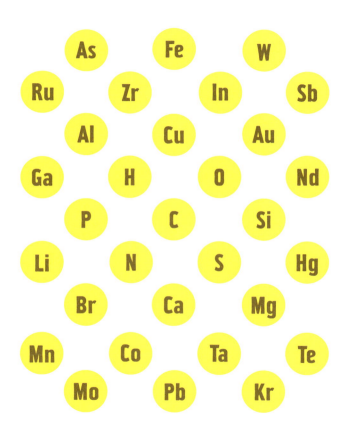

蛍光灯
白熱電球
Hg W Kr
DVD
Te Sb
アルミサッシ
Al
木・草
C H O
N P S
液晶
ディスプレイ
In
ガラス
Si O
スピーカー
Zr Nd
鉄骨
Fe
布
H O
C
セメント
Si O
プラスチック
C H O
N
携帯電話
As Li Mn
Co Ga Au
Ta
ノートパソコン
Li Au Ni
Ag Cu Ru
Pb Ga Br
Fe Mo

現代の生活

TODAY

生活空間の元素の種類は、この1万年でどんどん増えました。
とくにこの50年ほどで、いちじるしく増えたようです。
その数は、原始時代の5倍、江戸時代の2倍です。

リビングに、世界中の元素が集まっている。

液晶テレビに使われるインジウムは中国から。プラスチックやビニールはアラブの地底にあった石油。つまり炭素からできています。
インターネットが普及して、世界中の生活空間が、銅と二酸化ケイ素（光ファイバーのことです）の網でつながりました。
その中を電子と光がびゅんびゅん飛び交っている。
おそらく、これほどいろんな元素が動きまわる時代は、最後に隕石が衝突して以来ではないでしょうか。

グローバルと聞くと、金融や政治の話を思い出すものですが、実は元素こそ、いちばんグローバル。私たちの生活はすでに、元素で世界とつながっているのです。

世界の元素がリビングに

いいんですか?
バリ
バリ
仕事だから.

2

SUPER PERIODIC TABLE OF THE ELEMENTS

スーパー元素周期表

								He
			B	C	N	O	F	Ne
			Al	Si	P	S	Cl	Ar
Ni	Cu	Zn	Ga	Ge	As	Se	Br	Kr
Pd	Ag	Cd	In	Sn	Sb	Te	I	Xe
Pt	Au	Hg	Tl	Pb	Bi	Po	At	Rn
Ds	Rg	Cn	Uut	Fl	Uup	Lv	Uus	Uuo
10	11	12	13	14	15	16	17	18

Gd	Tb	Dy	Ho	Er	Tm	Yb	Lu
Cm	Bk	Cf	Es	Fm	Md	No	Lr

元素周期表

PERIODIC TABLE OF THE ELEMENTS

元素は「H」や「F」などの元素記号で表されています。
ヨコの行を「周期」。タテの列を「族」といいます。
「Ln」と「An」は1つの場所に
たくさんの元素が集中しているため、
下にとびだしています。
この周期表のメカニズムが理解できると、
元素の世界がよりわかりやすくなります。

周期／族	1	2	3	4	5	6	7	8	9
1	H								
2	Li	Be							
3	Na	Mg							
4	K	Ca	Sc	Ti	V	Cr	Mn	Fe	Co
5	Rb	Sr	Y	Zr	Nb	Mo	Tc	Ru	Rh
6	Cs	Ba	Ln	Hf	Ta	W	Re	Os	Ir
7	Fr	Ra	An	Rf	Db	Sg	Bh	Hs	Mt

Ln =	La	Ce	Pr	Nd	Pm	Sm	Eu
An =	Ac	Th	Pa	U	Np	Pu	Am

水兵リーベ僕の船……

誰でも、そんなふうに元素を覚えた経験があるのではないでしょうか。

あれは、あんまり意味がありません。

元素は、もとをたどれば、物体をその性質で分類するための考え方なのです。

今でこそ原子核の中の陽子の数を基準に分類されていますが、

それも、陽子の数が電子の数を決め、電子の数が原子のふるまい方を決め、

最終的にその元素の性質を決めるからです。「水兵リーベ」というのは、

元素の名前を暗記するための語呂合わせ。元素を知ったことにはなりません。

だからこそ、元素周期表がある。

周期表はこれまでの科学者の知恵が集結した、ものすごい表なのです。

でも、正直パッと見ても意味がわからなかったりします。

ここでは、元素の順番ではなく、その性質に注目して、

もうすこしわかりやすい周期表を考えてみました。

Liebe.
(恋人)
BCNOFNe!
なんか
わかりずらい
…

通常の原子の表し方

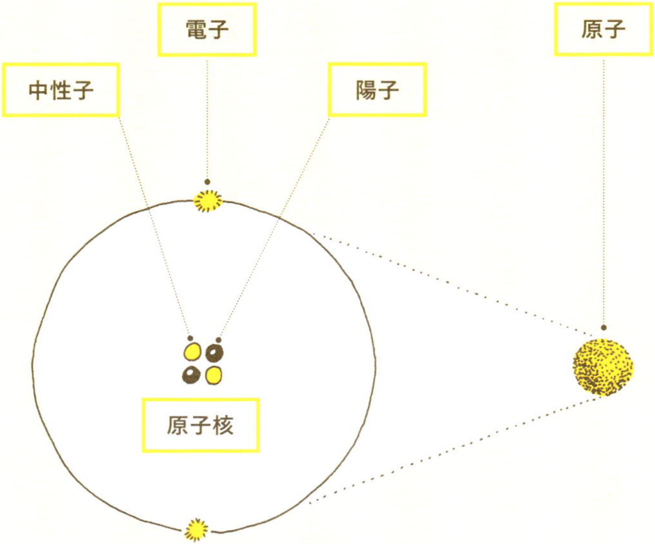

陽子 ＋ 中性子 ＝ 原子核

元素は、原子の種類を表す分類名です。
原子は、「原子核」と、そのまわりをめぐる「電子」からできています。
さらに、「原子核」は「陽子」と「中性子」という粒子からできています。
陽子がプラスの電気、電子がマイナスの電気を帯びていて、
陽子と同じ数だけの、電子をもつことができます。
実際の電子は、「電子雲」と呼ばれる雲のような状態になっています。
上の図は、それを平面的に表したものです。

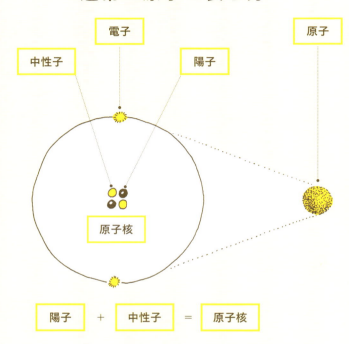

原子を顔で表す

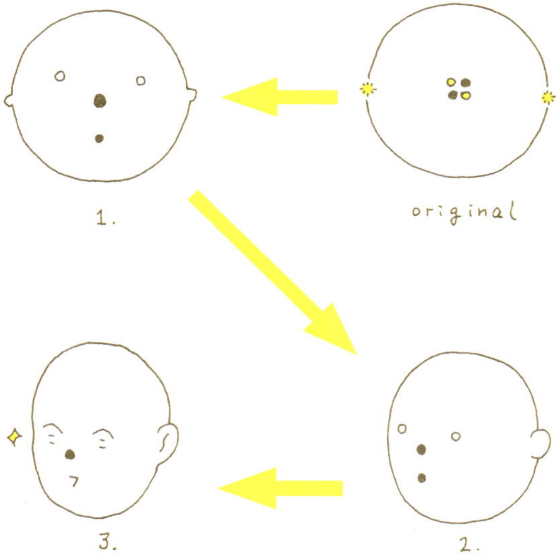

電子はそれぞれ「電子殻」と呼ばれる殻をつくっていて、
電子の数がある程度増えると、外側に新しい殻をつくります。
一番外側の「電子殻」の中に入っている電子を「価電子」といいます。
「価電子」の数が元素の性質を決めるのですが、そのメカニズムはかなり複雑。
今回は、あくまで元素の性質に注目したいので、あまり原子の話には深入りせず、
いっそ原子を顔に見立てることにしました。鼻が原子核。全体が原子です。
かなりアバウトですが、この顔を基本に、元素の性質を見ていきましょう。

元素のヘアースタイル

HAIRSTYLE OF THE ELEMENTS

元素の性質はおおむね14に分けることができます。
このジャンルは、周期表のタテの列。「族」が基本になっています。
同じ「族」の元素でも性質が違ったり、別の「族」でも似た性質だったりするので、
性質別にもう少し内容を整理したのが、この14のジャンルです。
これらのジャンルには「アルカリ金属」とか「ハロゲン」という名前がついています。
原子の顔をベースに、それぞれジャンルをヘアースタイルで表してみました。
なんとなくその性質を感じてもらえると思います。

アルカリ土類金属

Alkaline earth metals

なんとなく地味。坊ちゃんヘアー

周期表で左から2列目に位置する第2族に属する金属元素。反応性が高く、空気中の酸素や水分と反応するが、アルカリ金属ほどではない。カルシウムが代表格。「土類」とは、岩石中に多く存在する元素という意味。

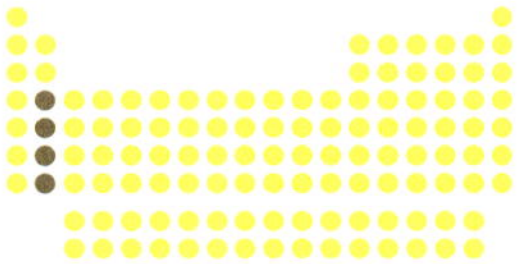

アルカリ金属

Alkali metals

ちょっと浮かれた軟派ヘアー

第1族のうちの、水素を除く6個の元素。金属なのにやわらかく、リチウム、ナトリウムはナイフで切断できる。密度が小さいので水に浮くものも。酸化しやすく、表面はすぐに光沢を失ってしまう。

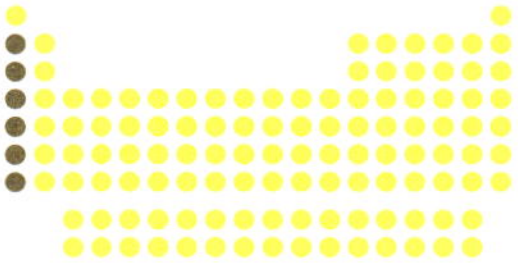

亜鉛族

Group 12 Elements

すぐに蒸発。パンクヘアー

第12族の3つの元素の総称。水銀は亜鉛・カドミウムとは異なり、金属としては唯一常温で液体。また、蒸気圧が高く、蒸発して気体になりやすいという数少ない共通の特徴がある。

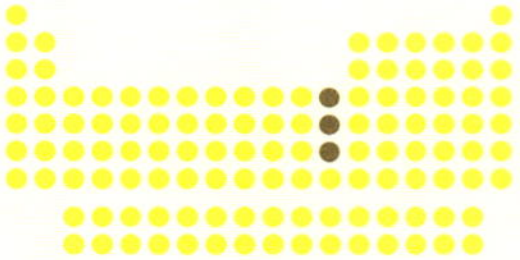

遷移金属

Transition Metals

元素の多数派。サラリーマンヘアー

第3族から第11族までの金属元素。一般に「金属」と呼ばれるのはだいたい、遷移金属の元素。周期表の隣どうしの元素が似た性質をもつことがあり、最も数が多い。

炭素族

Group 14 Elements

秀才元素。
インテリヘアー

第14族に位置する元素。とくに炭素はいろいろな元素と結合でき、さまざまな有機化合物となって存在する。ケイ素は半導体として活躍。今は目立たないが、鉛、ゲルマニウム、スズといった金属も、人気だった。

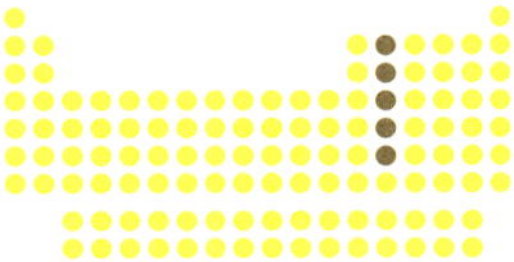

ホウ素族

Group 13 Elements

軽くてシャープ。
トンガリヘアー

第13族に位置する元素。アルミニウムが代表格で、広くさまざまな製品に使われている。ホウ素族というダサイ名前とは裏腹に、ガリウム、インジウム、チタンなど、先端テクノロジーを支える金属元素が多い。

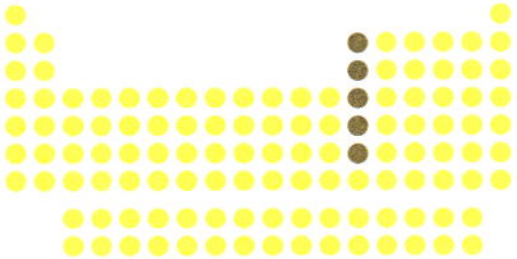

酸素族

Group 16 Elements

まとまりがない 中途半端ハゲ

第16族に位置する5つの元素。酸素だけ性質が別。硫黄、セレン、テルルは鉱石の主成分となっていることから「石をつくるもの」という意味の「カルコゲン」とも呼ばれる。ポロニウムは放射性をもつ金属元素。

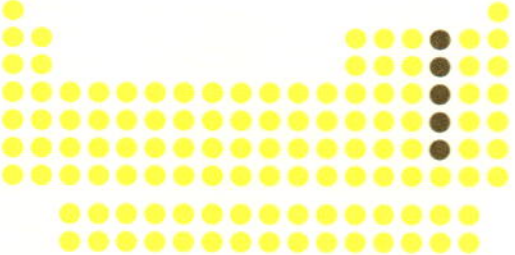

窒素族

Group 15 Elements

普通なのがイヤ。 モヒカンヘアー

第15族に位置する5つの元素。窒素は気体だが、他は固体。窒素は強固で安定した分子をつくり、大気の約8割を占めている。古代から知られたものも多く、リン、ヒ素など役に立ったり毒になったりする元素が多い。

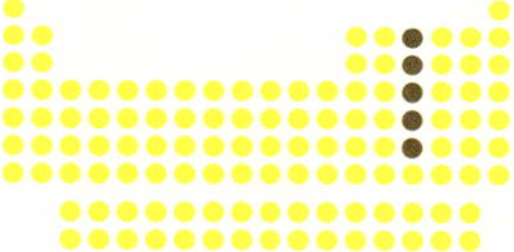

希ガス

Noble gases

独立独歩。フワフワヘアー

第18族に属する6つの元素。構造が最も安定しているため、他の元素とほとんど反応しない。どれも沸点、融点が低く、とくにヘリウムは絶対零度(-273.15℃)でも固体にならない。稀なガスだから「希ガス」。

ハロゲン

Halogen

略してハゲ

第17族に位置する非金属元素。常温でフッ素、塩素は気体なのに、臭素は液体、ヨウ素とアスタチンは固体とさまざま。反応性が非常に高く、アルカリ金属やアルカリ土類金属と「塩」をつくる。

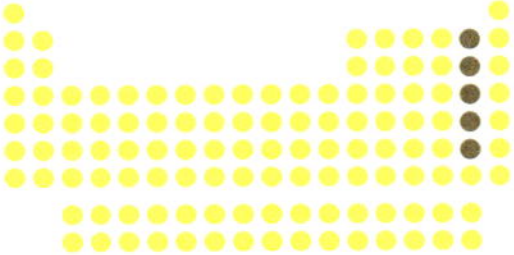

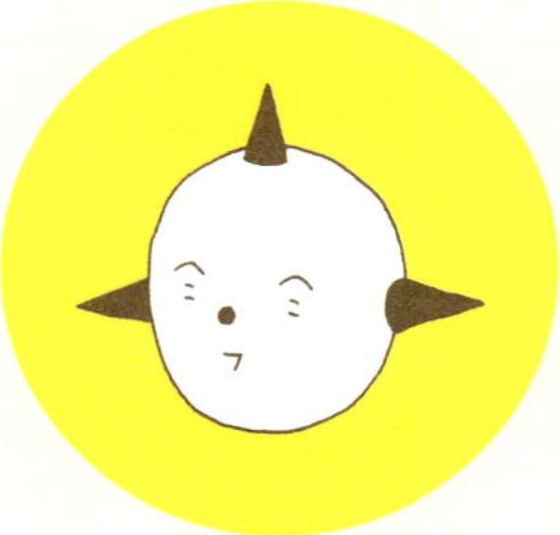

アクチノイド

Actinoid

ほぼ人工。ロボットヘアー

周期表においてアクチニウムからローレンシウムまでの15の元素の総称。構造はランタノイドによく似ている。ウランより重いネプツニウム以降の元素のことを超ウラン元素といい、ほとんどが人工の元素。

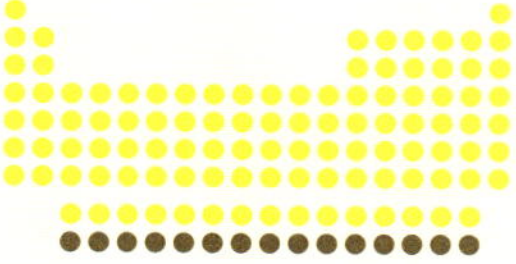

ランタノイド

Lanthanoid

超レア。アトムヘアー

周期表においてランタンからルテチウムまでの15の元素。希少なので希土類元素とも呼ばれる。いくつかの元素は非常によく似た性質をもち、分離するのが困難。それぞれの元素を確認するのに100年以上かかった。

特別枠

Hydrogen,Unun series

最強の王様と
正体不明の何か

水素は、最も単純な構造の、宇宙の約71%を占める王様元素ということで、特別枠。また、CnやFl、Lvおよびウンウンと頭につく名前のない元素は、詳しいことがわかっていないので、これも特別枠。

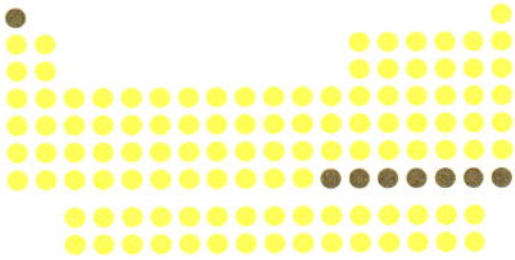

その他

Other metals

居場所のない
ハグレヘアー

第2族のベリリウムとマグネシウムは、アルカリ土類金属と同じ並びにありながら、炎色反応を示さないなど、アルカリ土類金属とは違う性質があるので、分けて考えられている。ジャンル名もないので、その他。

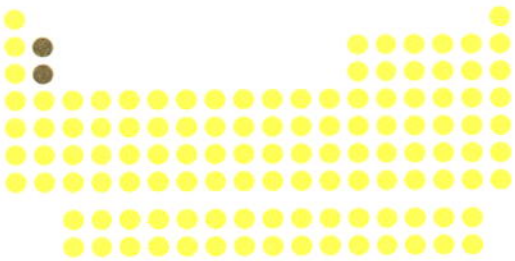

14のジャンルを髪型で分けてみたところで、元素を一列に並べてみましょう。

元素を軽いほうから順番に並べると周期的に似たような性質の元素が現れる。

それに気がついたのは、メンデレーエフさんという科学者でした。その周期にしたがって、タテの列に似たような性質の元素が並ぶようにして、ヨコの行が下に行くほど元素の原子量が大きくなるような表にまとめたのが、元素周期表なのです。

さて、同じジャンルの元素でも、一つ一つはそれぞれ違った個性をもっています。パッと見るだけでその個性までわかるような一歩進んだ元素周期表にしたい。いわばスーパー元素周期表です。

アフロ
He Li Be B C N O F
アレ？
くりかえしてる！
メンデレーエフさんの
発見
折りたたむと…
アフロ
He
Li Be B C N O F Ne
Na Mg Al Si P S Cl Ar
周期表になる！

固体・液体・気体をカラダで。

solid / liquid / gas

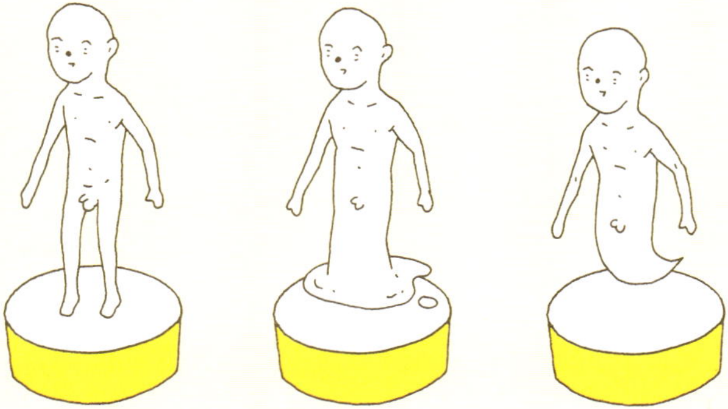

固体 SOLID

液体 LIQUID

気体 GAS

顔だけではなく、カラダもつけてみました。
元素には、常温で気体のものもあれば、鉄のような固体、
水銀のような液体の元素もあります。
下半身のカタチが、その元素が通常どんな状態なのかを表しています。
気体は幽霊風、液体は遊星から来た物体X風、固体は人間です。
でも液体の元素は2つしかないので、基本は固体か気体です。

原子量を体重で。

mass

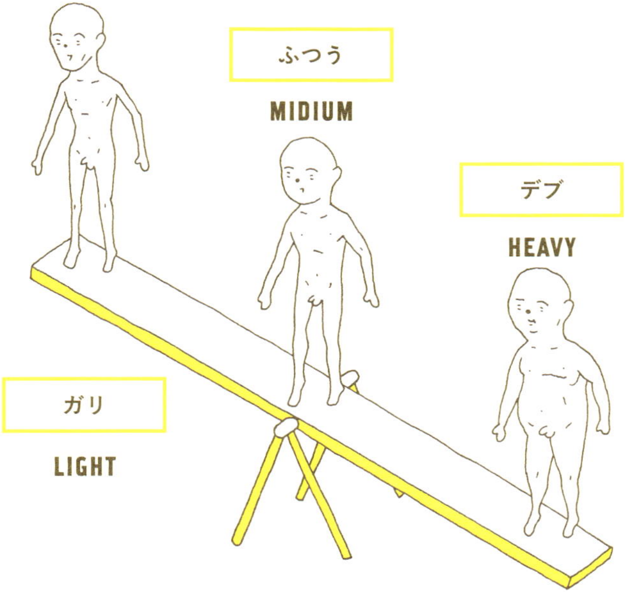

ここでいう重さとは「原子量」のことです。
原子量は炭素を「12」としたときの相対比です。って言われてもよく分んないですよね。
その原子量を、カラダの体重で表してみました。周期表は先に進むにつれて
原子量が大きくなりますから、基本的にどんどんデブになっていきます。
ただ、原子番号1番の水素と111番のレントゲニウムでは約270倍もの差があります。
ここでは、原子量を正確に表現するというより、印象として表現しています。

発見された年を年齢で。

discovery year

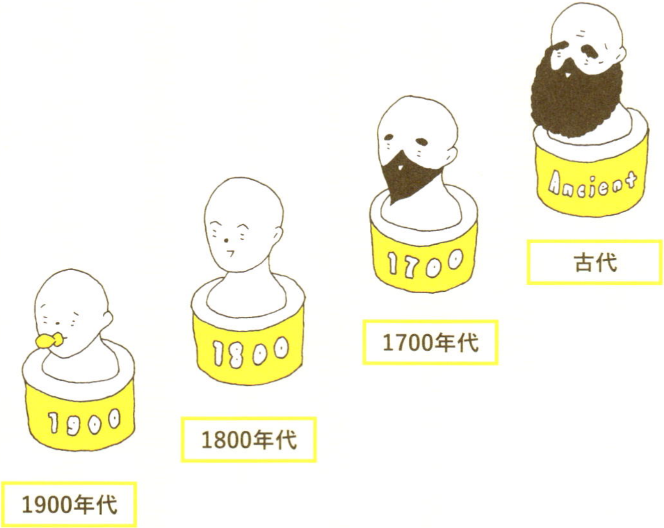

大昔から知られていた元素もあれば、
つい最近発見された（合成された）元素もあります。
元素が発見された年を、そのまま年齢として表してみました。
ほとんどの元素は1800年代に発見されており、
それを細かく表すのは難しいので、ざっくり、4段階ぐらいに分けています。

特殊な性質は背景や服で。

property

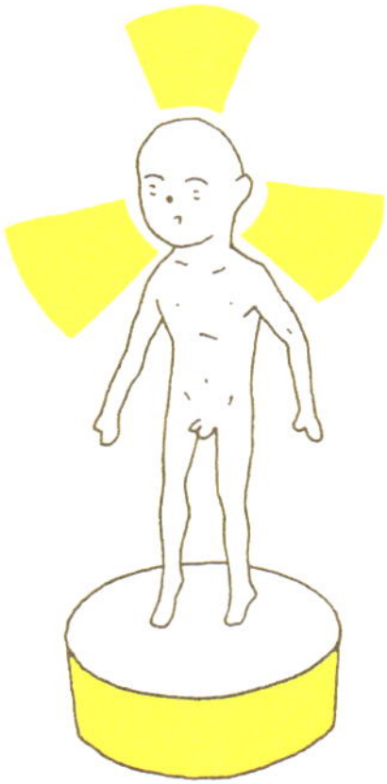

放射性

放射線を発する元素。取り扱いは難しいけど、いろんな分野で活躍。

磁力

強い磁力をつくれる元素。S極とN極のツートーンの服でおめかし。

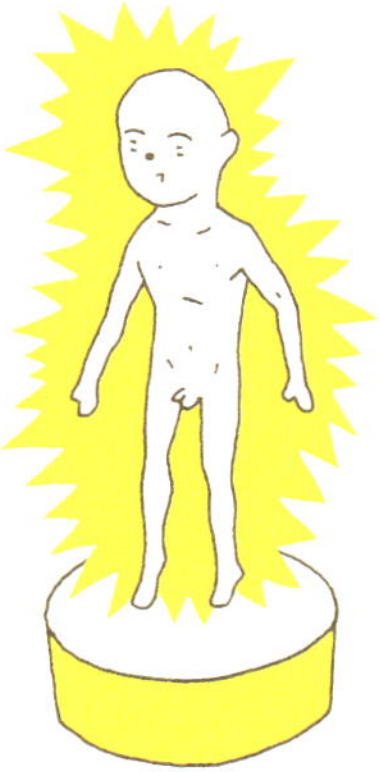

光る

夜光塗料、花火や光ファイバーなど、特徴的な光をいかした元素。

放射性元素や、光をだす元素、強い磁力をもった元素については、
特別にそれがわかるようにしました。
ちなみに放射線のマークは、
それぞれアルファ線、ベータ線、ガンマ線を表しています。
磁力のある元素は、わかりやすいように2色で表現しました。

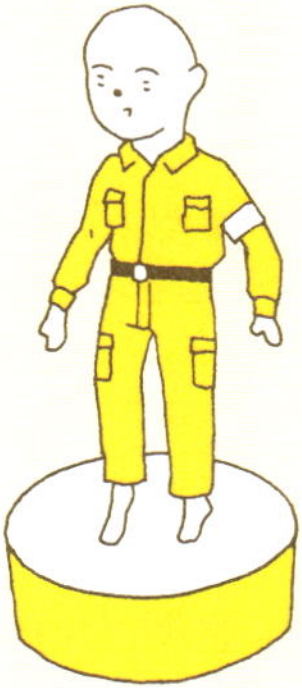

専門用

幅広い使われ方というより得意分野がある、一芸に秀でた職人肌。

研究用

ふつうの人が使えるものには用途がなく、まだ研究途上の元素です。

人工

人工でつくられた元素はロボットスーツ。ガンダムと同素材を使用。

おもな使用用途を服装で。

Main use of the elements

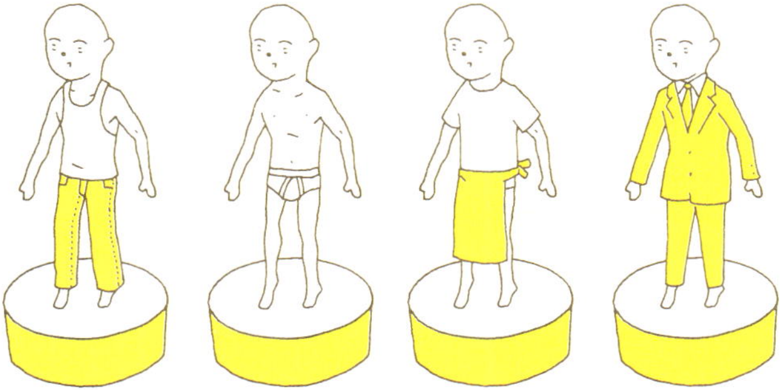

多目的

生活用にも工業用にもひっぱりだこの正統派マルチプレーヤー。

体ミネラル

栄養として人体に必須な元素は下半身パンツ。天然健康優良児です。

生活用

お茶の間や台所など、暮らしのまんなかで活躍するお母さん的元素。

産業用

生活用品より、工業や産業の現場をメインにがんばるビジネスマン。

生活のなかでよく使われる元素もあれば、研究者しか使わない元素もあります。
そういった元素の使われ方を、服装で表してみました。
元素はいろいろな姿になって、いろいろな場所で使われているので、
いちがいにこの元素はここで使われていると断言するのは難しいのですが、
おおむねの指標にしていただけたらと思います。

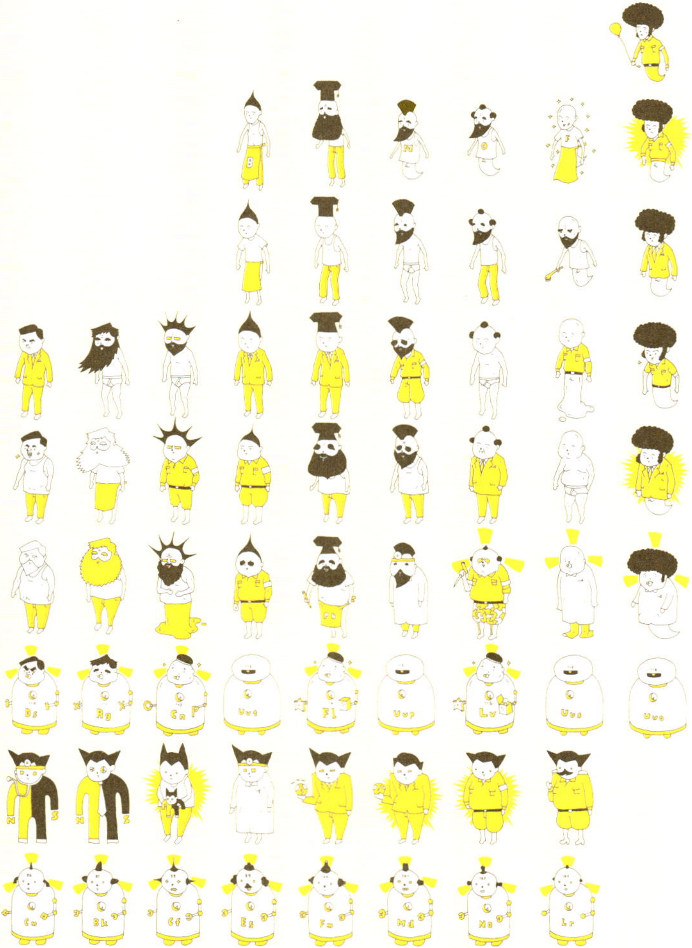
B
N
O
F
Ds
Rg
Cn
Uut
Fl
Uup
Lv
Uus
Uuo
Cm
Bk
Cf
Es
Fm
Md
No
Lr

スーパー元素周期表

SUPER PERIODIC TABLE OF THE ELEMENTS

これがスーパー元素周期表です。ヨコの行が下に行くにつれて重くなり、タテの列に同じ性質の元素が並んでいる様子がよくわかります。このように周期表は、元素の重さとその性質を非常にわかりやすくまとめた、画期的な表なのです。

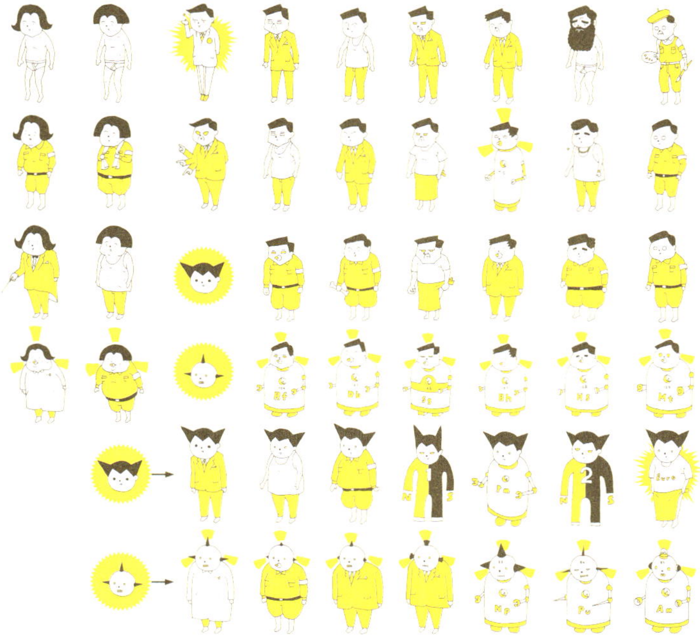

FITTING Room
けっこうたのしいかも。
これからが
大変なのに……。

3

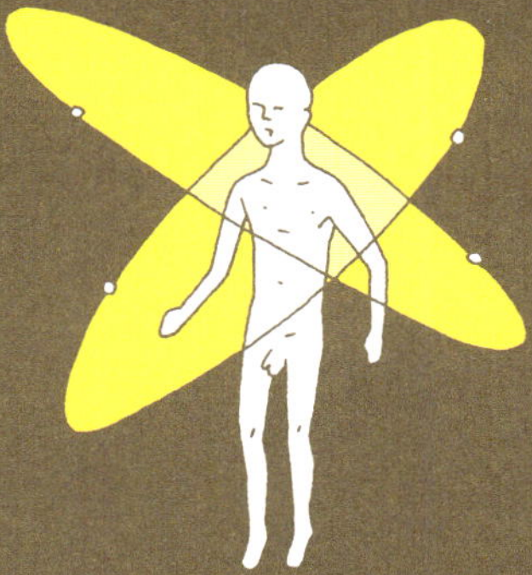

ELEMENT CARTOON CHARACTERS

元素キャラクター

さて、ここからは、元素を一つ一つ見ていきましょう。
ここで難しいのは、同じ元素でも、

あるときは土に、あるときは空気に、またあるときは生物になる。

たとえば、酸素に線香の火を近づけると、激しく燃えます。
ところが、水素と結合すると水になってしまう。
一つ一つ見ていくといっても、一つの元素が、実にさまざまな顔をもっているのです。
ここでは、ふだんの生活に関係がありそうな面だけをピックアップしました。

それにしても118個って、すごい数。

どの元素がどこらへんにあったか、すぐにわからなくなってしまいます。
わからなくなったら、左からはじまるインデックスを参考にしてください。
周期表と一緒に見るときには、原子番号で探すとわかりやすいと思います。
それでは、118の個性あふれる元素キャラクターたちを
ゲフッとならない程度にお楽しみください。

INDEX #1 周期 1 → 3 / 原子番号 1 → 18

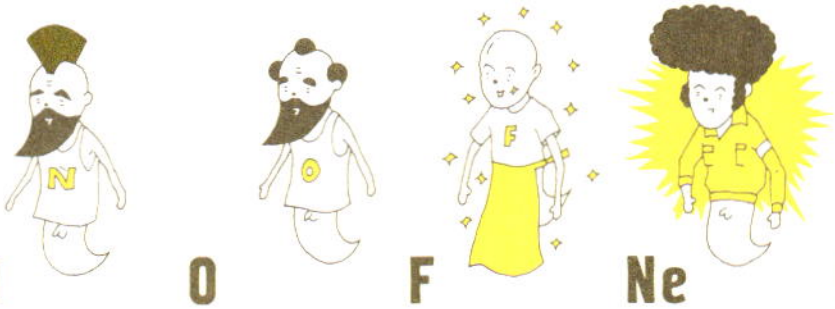

INDEX #2

周期
4
原子番号
19 → 36

INDEX #3

周期
5

原子番号
37 → 54

Rb
37 ルビジウム → 114

Sr
38 ストロンチウム → 115

Y
39 イットリウム → 116

Zr
40 ジルコニウム → 117

Nb
41 ニオブ → 118

Mo
42 モリブデン → 119

Tc
43 テクネチウム → 120

Ru
44 ルテニウム → 121

Rh
45 ロジウム → 122

Pd
46 パラジウム → 123

Ag
47 銀 → 124

Cd
48 カドミウム → 125

In
49 インジウム → 126

Sn
50 スズ → 127

Sb
51 アンチモン → 128

Te
52 テルル → 129

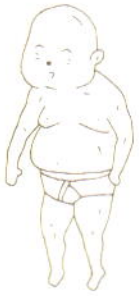
I
53 ヨウ素 → 130

Xe
54 キセノン → 131

INDEX #4

周期 6 / 原子番号 55 → 86

INDEX #5

周期 7 / 原子番号 87 → 118

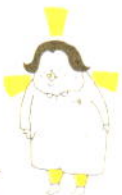

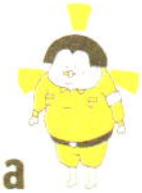

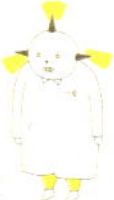

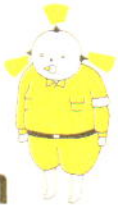

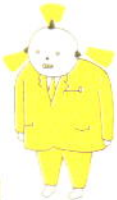

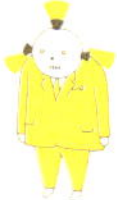

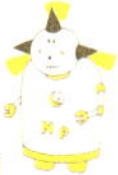

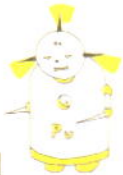

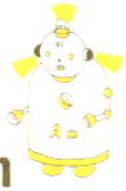

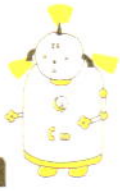

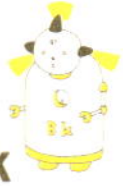

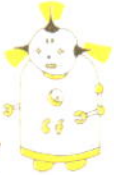

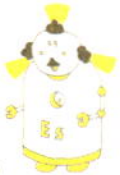

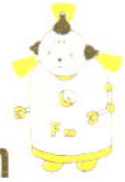

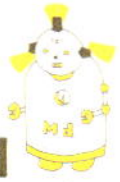

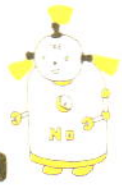

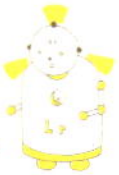

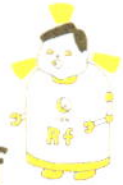

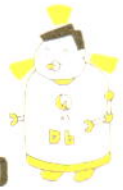

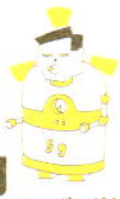

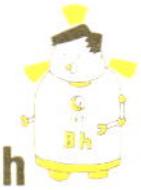

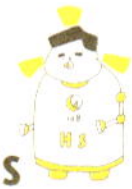

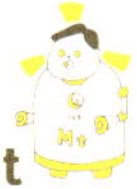

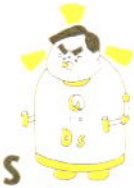

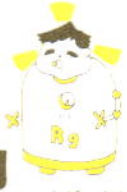

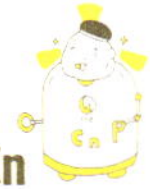

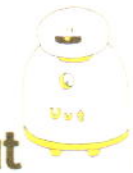

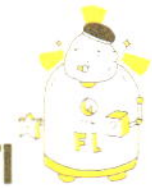

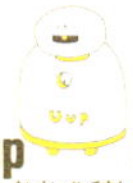

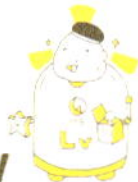

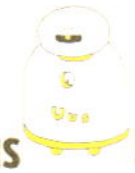

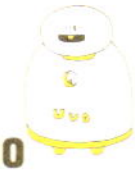

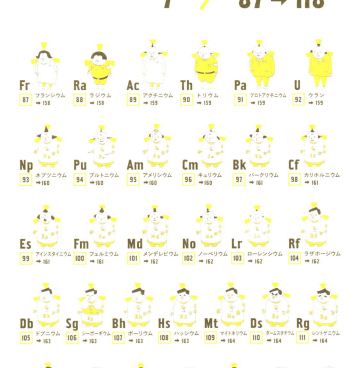

図の見方

HOW TO READ FIGURES

原子番号

原子量

炭素12(^{12}C)1モルあたりの質量を12とした場合の相対比。ここで示した原子量は、各元素の詳しい原子量の値を有効数字4桁に四捨五入してつくられたもので、IUPAC原子量委員会で承認されたものです。なお、安定同位体がなく原子量の与えられていない放射性元素では、確認されている同位体の質量を[ ]で示しています。
(日本化学会原子量小委員会の「4桁の原子量表」による)

元素名

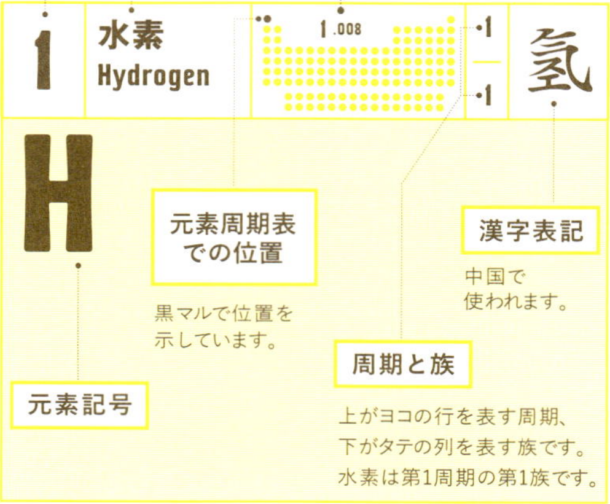
1
水素
Hydrogen
1.008
1
1
氫
H
元素周期表での位置
黒マルで位置を示しています。
漢字表記
中国で使われます。
周期と族
上がヨコの行を表す周期、下がタテの列を表す族です。水素は第1周期の第1族です。
元素記号

H

元素キャラクター

融点
-259.14 ℃

沸点
-252.87 ℃

密度
0.00008988
(気体、0°C)
g/cm³

【háidrədʒən】
発見：1766 年

英語発音

発見年

融点

固体の物質が融けて
液体になるときの温度。

沸点

液体の物質が沸騰して
気体になるときの温度。

密度

単位体積あたりの質量。
水が1です。とくに
明記してあるもの以外、
固体で20°Cのものを
示しています。

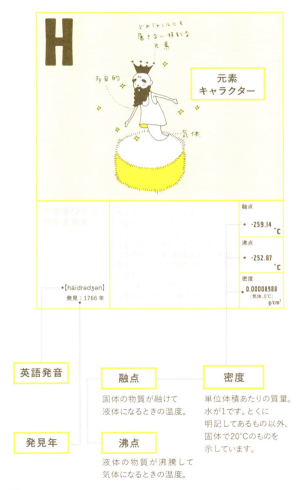

1
水素
Hydrogen
2
ヘリウム
Helium
3
リチウム
Lithium
4
ベリリウム
Beryllium
5
ホウ素
Boron
6
炭素
Carbon
7
窒素
Nitrogen
8
酸素
Oxygen
9
フッ素
Fluorine
10
ネオン
Neon
11
ナトリウム
Sodium
12
マグネシウム
Magnesium
13
アルミニウム
Aluminium
14
ケイ素
Silicon
15
リン
Phosphorus
16
硫黄
Sulfur
17
塩素
Chlorine
18
アルゴン
Argon

周期

PERIOD

1 → 3

原子番号

ATOMIC NUMBER

1→18

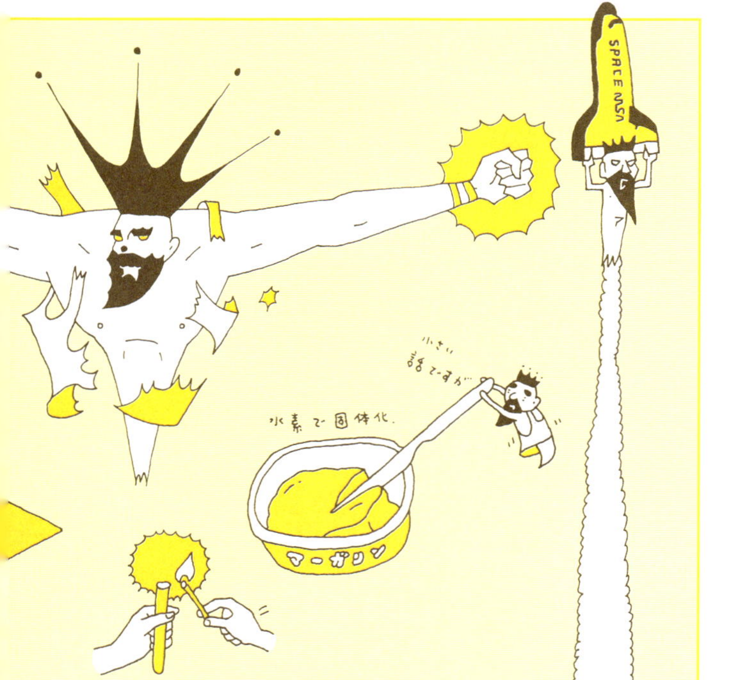

結合で結びついています。神さまに祈るなら、まずは水を拝むべきかも。
今は、石油などかぎりある資源に代わる、環境にやさしいエネルギー源として有望視されています。地球を生み、そして守る、筋の通った元素といえそう。
火をつけると爆発するので、怒らせないようにしたいものです。

融点	-259.14 ℃
沸点	-252.87 ℃
密度	0.00008988 (気体、0°C) g/cm^3

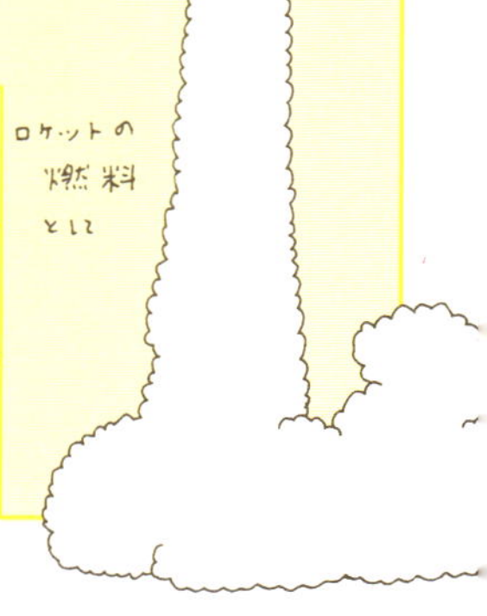

1	水素 Hydrogen	1.008	1 1	氫

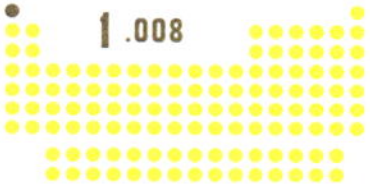

H

宇宙をつくる神さま元素

【háidrədʒən】
発見：1766 年

あらゆる元素のなかで一番小さく、軽い。宇宙で最初に生まれた元素。ビッグバンの３分後に、水素のモト（水素原子）ができ、やがて水素とヘリウムが集まって、星ができた。つまり水素は、命そのものを生んだ元素です。地球の酸素も、水素と酸素が結合した「水」から生まれたもの。人体の６割は水だし、ＤＮＡの二重らせんも水素

2	ヘリウム Helium	4.003	1 18	氦

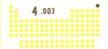

He

実は偉大！
フワフワガス

【hí:liəm】
発見：1868 年

「マジックボイス」や「風船」で子どもにおなじみ。水素と並んでビッグバン直後に生まれた歴史ある元素。水素とヘリウムがあったからこそ、他の元素ができた。空気より軽いのもこの２つだけなので、リーダーが空に浮かんで、他の元素を見下ろしているような関係？キレると爆発しやすい水素と違い、どんな物質とも反応しない温厚な性格の元素です。

融点	-272.2 ℃（加圧下）
沸点	-268.934 ℃
密度	0.0001785（気体、0°C）g/cm^3

3	リチウム Lithium	6.941	2 1	鋰

Li

モバイル時代のパワー源

最も軽い金属であるリチウム。実は、水素、ヘリウム、リチウムは、ビッグバンで生まれた三兄弟ですが、リチウムは少量しかなく、宇宙創成期にはさほど活躍せず。でも現代で大躍進。リチウムイオン電池は、携帯電話などモバイル機器に欠かせない。超軽量でパワー大、つぎ足し充電ができて劣化も少ない。海水に含まれているので、資源枯渇の心配は今のところナシ。

[líθiəm]
発見：1817 年

融点	180.54 ℃
沸点	1340 ℃
密度	0.534 (0°C) g/cm³

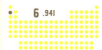

4	ベリリウム Beryllium	9.012	2 2	铍

Be

才能十分！幻のエリート

【bəríliəm】

発見：1797 年

彼は、才能十分なのに出世できない悲劇のエリート金属です。アルミニウムの約３分の２という軽さ、融点は1278℃と熱にめっぽう強い。バネをつくれば200億回以上の衝撃に耐えられる。ところが、ベリリウムの粉末には、死に至るほどの強い毒性がある。しかし粉末にしないと加工ができないため、防護服などさまざまな手間がかかる。だからなかなか活躍できない。

融点	1278 ± 5 ℃
沸点	2970（加圧下）℃
密度	1.8477 g/cm³

5	ホウ素 Boron	10.81	2 13	硼

B

暮らしをたすける七変化

【bɔ̀:ran】
発見：1892 年

単体よりも、化合物がいろんな日用品に含まれている。耐熱ガラスの「パイレックス®」は専門用語で「ホウケイ酸ガラス」といって、ガラスに酸化ホウ素を添加して膨張や収縮を抑えたもの。炭素と化合させると、ダイヤにつぐ硬度になる。ホウ素をどう化合させるかは化学の腕の見せどころ。今まで、その分野で２人もノーベル賞化学者がでました。

融点	2300 ℃
沸点	3658 ℃
密度	2.34 (β型) g/cm³

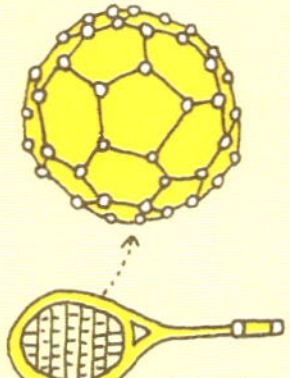

炭素自体にいろんなカタチになれる性質があり、鉛筆の芯（黒鉛）からダイヤモンドまで、同じ元素にはとても見えません。
石油、プラスチック、衣類、薬など炭素からはさまざまなものが生まれ、人類の進化の歴史を支えてきました。最近話題のナノテクノロジーでも、新素材として注目されています。

融点	3550（ダイヤモンド）℃
沸点	4827（昇華）℃
密度	3.513（ダイヤモンド）g/cm^3

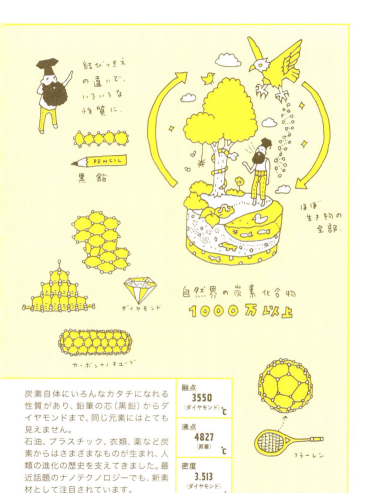

6	炭素 Carbon	12.01	2 / 14	碳

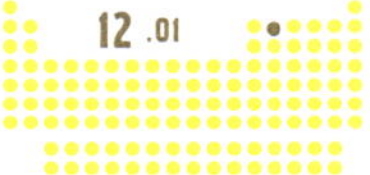

C

生きものは みーんな炭素

【Ká:rbən】
発見：古代

「生命の源」といわれ、生きものや食べものをつくっている元素です。「食物連鎖」という言葉は、いいかえれば「炭素のやりとり」。炭水化物やタンパク質など、生きるために必要な栄養はみんな炭素の化合物だし、細胞やDNAも炭素ありき。植物は光合成で二酸化炭素から炭水化物をつくり、私たちはそれを食べる。

7 窒素 Nitrogen

14.01

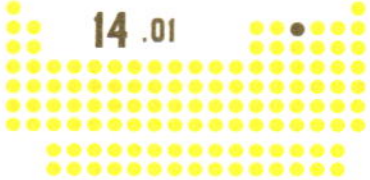

2
15

氮

N

親しいようで意外とクール

【náitrədʒən】
発見：1772 年

空気の約８割を占める窒素は、かなりメジャーな元素。人体を構成するタンパク質のモトになるアミノ酸や、ＤＮＡを構成している。というと一見おだやかそうに見えるが、それだけじゃない。ニトログリセリンやダイナマイトなど、爆薬のほとんどは窒素化合物だし、酸素と化合すると、一転して大気汚染の原因（ノックス）になるというダークサイドももっている。

融点
-209.86 ℃

沸点
-195.8 ℃

密度
0.0012506
（気体、0℃）
g/cm³

8	酸素 Oxygen	16.00	2 / 16	氣

O

地球をまもるひたむき元素

【ɑ́ksidʒən】
発見：1774年

空気の約2割を占める酸素は、植物の光合成でつくられ、生きものの呼吸に欠かせない、生命を保っている大切な元素。「火」も、酸素を消費することで燃えることができる。太陽の紫外線をやわらげるオゾン層もつくっている。「酸化」という言葉もよく聞くが、いろいろな物質と結びつき、性質を七変化させることができる。金属をさびさせたり、モノを腐らせたりする。

融点	-218.4 ℃
沸点	-182.96 ℃
密度	0.001429（気体、0℃）g/cm³

9 フッ素 Fluorine

2
17

氟

F

猛毒生まれのキレイ好き

【flúəri:n】
発見：1886 年

フッ素といえば、「虫歯予防」と「フライパン」。歯の表面にくっついて、虫歯菌に侵されにくくし、歯を修復する手助けも。また、フライパンや傘にフッ素樹脂をコーティングすると、モノをくっつきにくくし、水や油をはじくなど便利モノだ。でも単体のフッ素が猛毒なので昔は取りだすのがたいへんで、成功したモアッサンさんはノーベル賞をもらった。

融点	-219.62 ℃
沸点	-188.14 ℃
密度	0.001696 (気体、0°C) g/cm³

10	ネオン Neon	20.18	2 / 18	氖

Ne

夜の主役はパリ生まれ

【ní:an】

発見：1898 年

今、夜の街をピカピカと彩るネオンサイン。これはネオンをガラス管に封入して、放電させたもの。ネオンサインがはじめて街に灯されたのは1912年、パリのモンマルトルだったとか。ネオン自体は無色で、とても安定した気体ですが、放電すると赤っぽいオレンジに光る。これに、ほかの元素を混ぜて色をつくります。ヘリウムは黄色、水銀は青緑、アルゴンは赤や青に。

融点	-248.67℃
沸点	-246.05℃
密度	0.00089994（気体、0°C）g/cm^3

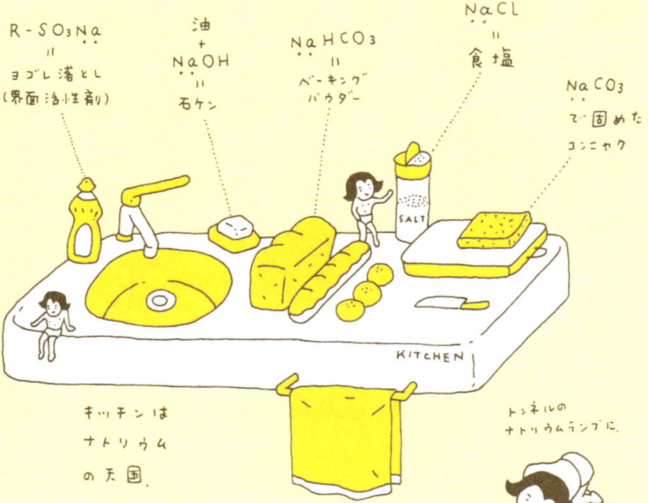

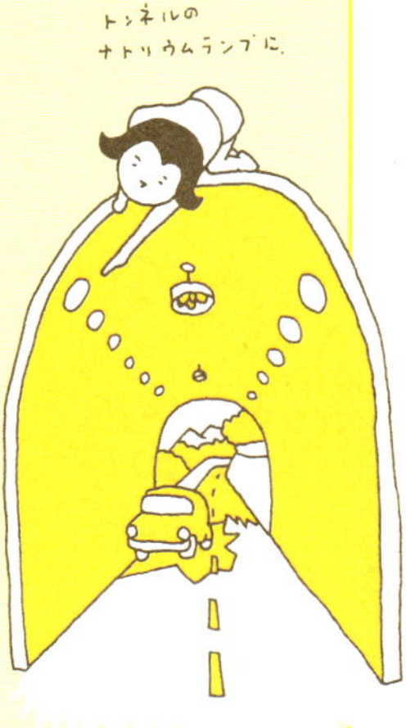

ナトリウム。炭酸ガスをシュワシュワ発泡させるのに使われています。このように愛されキャラなナトリウムだが、化合物でない単体の金属ナトリウムは、水につけると爆発する、超キケンな"グレムリン"元素！ だから石油につけて保存するとか。ちなみにグレムリンは水をかけると増殖する怪物。映画「グレムリン」参照。

融点	97.81 ℃
沸点	883 ℃
密度	0.971 g/cm^3

11	ナトリウム Sodium	22.99	3 / 1	钠

Na

料理に洗たく ママと仲よし

【sóudiəm】
発見：1807 年

ナトリウムの化合物は、とっても家事好き。「食塩」（塩化ナトリウム）、「味の素」（グルタミン酸ナトリウム）、「ベーキングパウダー」（炭酸水素ナトリウム）はキッチン担当。洗いものには、「漂白剤」（次亜塩素酸ナトリウム）、そして石ケンもナトリウムを使ってつくられる。お風呂では、花王の「バブ」などの入浴剤も、炭酸水素

12	マグネシウム Magnesium	24.31	3 2	镁

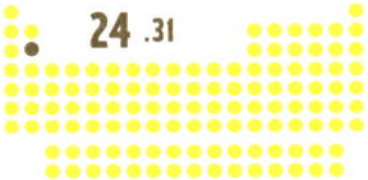

Mg

何でもできる優等生 ?!

【mægní:ziəm】

発見：1808 年

アルミニウムより軽く、鋼鉄なみの強さをもつ。シールド性があり電磁波は漏らさず、熱はすぐ放熱してこもらない。こんな便利な性質から、ノートパソコンや携帯電話のボディに使われている。だが、デジタル野郎かと思いきや、実は豆腐のにがりに使われていたり、植物の葉っぱのミドリ色（葉緑素）の中心元素だったり。便秘予防などの医薬品にもなり、奥が深い。

融点	650 ℃
沸点	1095 ℃
密度	1.738 g/cm³

13 アルミニウム Aluminium

26.98

3 / 13

铝

Al

地球上に一番多い金属元素

【æljumíniəm】

発見：1807 年

とても軽くて加工がしやすい金属。さびず、電気をよく通し、そのうえ値段も安いので普及度はピカイチ。いろんな金属の性質をプラスした合金が多く、1円玉からアルミホイル、アルミサッシ、航空機の機体まで用途はいろいろ。胃粘膜を保護する作用もあり、胃潰瘍の治療薬スクラルファートは現代のストレス社会を反映し、医療現場でよく使われています。

融点	660.37 ℃
沸点	2520 ℃
密度	2.698 g/cm^3

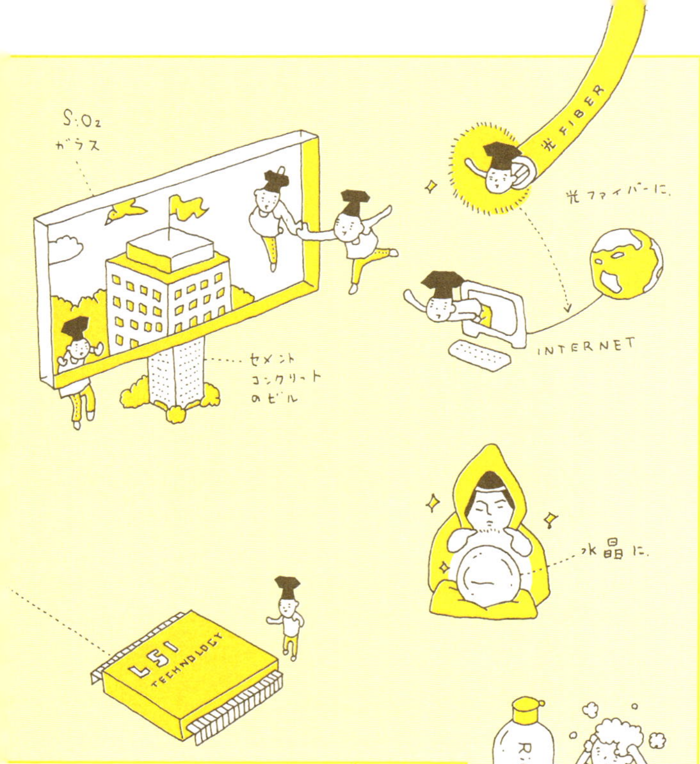

シリコーンゴムは、ほ乳瓶の乳首や、ニューハーフの人工おっぱいなど、身近なところでも活躍中。二酸化ケイ素が含まれたケイ藻土という土は、耐火性があり、住宅の壁材として大人気。でも、発がん性が問題になったアスベストも、二酸化ケイ素が主成分。細かい繊維状なので肺に刺さってしまう。ケイ素自体は有毒ではありません。

融点	1410 ℃
沸点	2355 ℃
密度	2.329 g/cm^3

14

ケイ素
Silicon

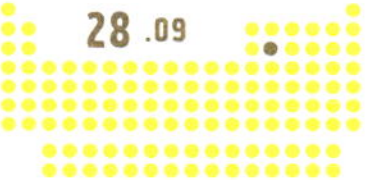

3
14

硅

Si

砂漠から来たデジタル職人

【sílikən】
発見：1823 年

「ケイ素なんて知らん」と思った人は、砂を見てみよう。砂をつくる石英や水晶などに二酸化ケイ素やケイ酸塩として含まれ、地球上では酸素のつぎに多い元素です。
硬い性質で、昔からガラスの原料に使われてきたが、今やデジタル社会の重鎮。最近では「シリコン」として、半導体やソーラー電池の大切な材料です。

15	リン Phosphorus	30.97	3 ― 15	燐

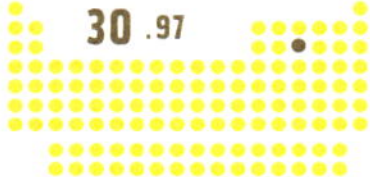

P

おしっこ発！イキイキ元素

【fásfərəs】

発見：1669年

日本では水戸黄門さまが活躍していた頃、ドイツでは、錬金術師がおしっこを蒸発させる実験をしていてリンを見つけた。白リン、赤リン、紫リンなどいろんな色がある。実は人体のDNAや細胞膜にも不可欠な元素。農業では、肥料として絶対欠かせない養分でもある。オウム事件で使われたサリンもリン化合物だけど、とても特殊なもので、ふつうはつくれないらしい。

融点
44.2 ℃
（白リン）

沸点
279.9 ℃
（白リン）

密度
1.82 g/cm^3
（P_4）

16	硫黄 Sulfur	32.07	3 / 13	硫

S

元気の源！ でもクサイ！

【sʌ́lfər】
発見：古代

温泉に漂う、たまごの腐ったような臭いやタマネギやニンニクの臭みは、硫黄もしくは硫黄化合物の臭いです。でも「良薬鼻に臭し」！ 硫黄はアミノ酸として健康に貢献しているし、疫病から多くの命を救った世界初の抗生物質「ペニシリン」にも硫黄が含まれる。一方で、二酸化硫黄は地球の環境を壊す「酸性雨」の原因にもなる。要は使いようなのかも。

融点	112.8 ℃（斜方晶系）
沸点	444.674 ℃
密度	2.07 g/cm³（斜方晶系）

17

塩素
Chlorine

35.45

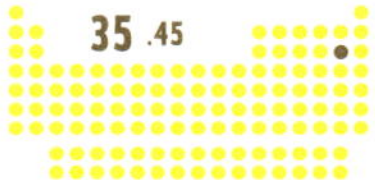

3

17

氯

Cl

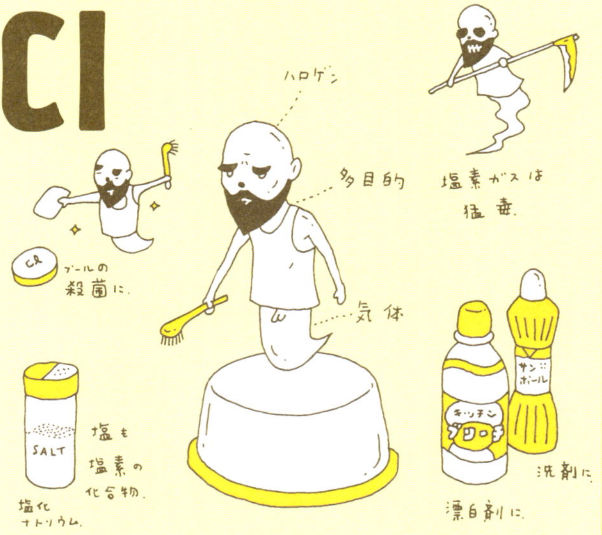

とにかく殺菌！無類の潔癖症

【klɔ́:ri:n】

発見：1774 年

プールの「塩素タブレット拾い」をやった覚えがある人は多いはず。塩素は殺菌・漂白作用が強いので、プールや水道水の殺菌剤として一般的。この作用の発見で、コレラやチフスなどの世界的伝染病が根絶された一方で、第一次世界大戦では毒ガス兵器として使われたことも。「ポリ塩化ビニル」として、配水管や消しゴムなど日用品に使われることも多い。

融点
-100.98 ℃

沸点
-33.97 ℃

密度
0.003214
(0℃)
g/cm³

18	**アルゴン** **Argon**	**39.95**	**3** **18**	**氬**

Ar

のらりくらり マイペース

【á:rgan】
発見：1894 年

アルゴンガスは、ふつう何ものとも反応しない。空気中では酸化してしまうものでも、アルゴン内で保存すると変化しないので、古文書を保存したり、酸素や水素と反応しやすい物質を扱う実験に便利。誰の家にもある蛍光灯にもアルゴンはいる。放電しやすくするために、ガラス管に封入されているのだ。ちなみに地球の大気は78%が窒素、21%が酸素、残り1%がアルゴン。

融点	-189.37℃
沸点	-185.86℃
密度	0.001784（気体、0℃）g/cm^3

19
カリウム
Potassium
20
カルシウム
Calcium
21
スカンジウム
Scandium
22
チタン
Titanium
23
バナジウム
Vanadium
24
クロム
Chromium
25
マンガン
Manganese
26
鉄
Iron
27
コバルト
Cobalt
28
ニッケル
Nickel
29
銅
Copper
30
亜鉛
Zinc
31
ガリウム
Gallium
32
ゲルマニウム
Germanium
33
ヒ素
Arsenic
34
セレン
Selenium
35
臭素
Bromine
36
クリプトン
Krypton

周期

PERIOD

4

原子番号

ATOMIC NUMBER

19→36

硝酸カリウムは、マッチの火薬に。
K
N
O
3
MATCH
1
2
3
4
5
ジャブジャブ
6
植物の中のカリウムを水に溶かすことで洗剤に。

さまざまな物質と化合して塩（カリウム塩）をつくることもでき、面白いほどみんな性質が違う。肥料として使われる硫酸塩や塩酸塩のほか、脂肪酸とのカリウム塩は石ケンに。身近な生活の場で大活躍してますが、なかには有名な毒薬も。いわゆる「青酸カリ」は、実はシアン化水素とのカリウム塩（シアン化カリウム）です。

融点	63.65 ℃
沸点	774 ℃
密度	0.862 (−80℃) g/cm³

OIL
自然発火するのでオイルに入れて保存。

19 カリウム Potassium

39.10

4 / 1

鉀

K

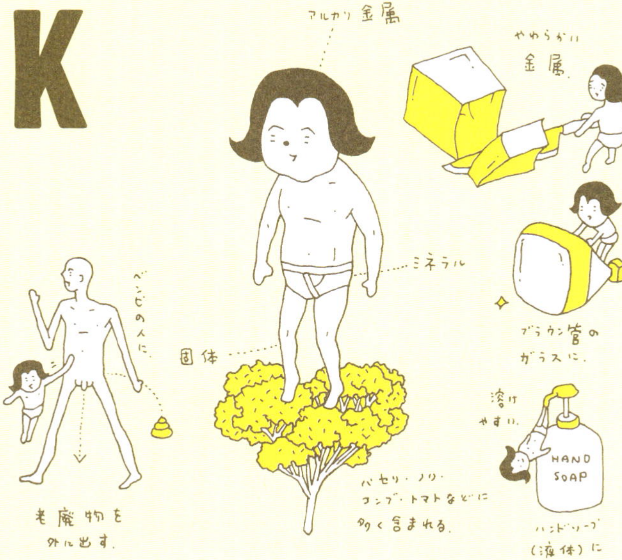

元気ハツラツ ミネラル元素

【pətǽsiəm】

発見：1807年

人体に必須のミネラルの代表格で、農作物を育てるのに欠かせない肥料の三大成分のひとつとしても有名です。ミネラル仲間であるナトリウムとは、細胞を仕事場にしたパートナー。細胞の外にナトリウムイオン、細胞のなかにカリウムイオンが多くいて、互いに行き来することで、神経を伝達させたり筋肉を収縮させたりします。

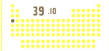

単体は銀白色の金属。カルシウムにかぎらず、ミネラルって、ほとんど金属の元素なんです。金属がカラダのなかにあるって、なんだか不思議。
ちなみに、栄養素として、ミネラルとならんでよく聞く「ビタミン」は、体内で酵素を働かせたりする有機化合物のこと。元素ではありません。

融点	839 ℃
沸点	1484 ℃
密度	1.55 g/cm^3

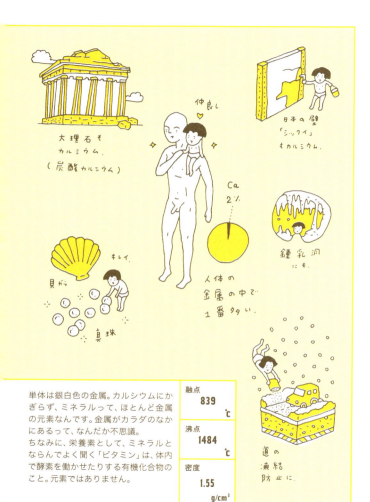

20 カルシウム Calcium

40.08

4
2

鈣

Ca

骨と歯キラリ 白衣の仕事人

【kǽlsiəm】
発見：1808年

ヨーグルトや牛乳でおなじみ、最もメジャーな、売れっ子元素のひとりといえましょう。一般的な大人の体には約1kgのカルシウムがあり、大半は骨と歯になっているとか。骨の主成分の正式名称は「リン酸カルシウム」で、最近人工的につくれるようになり、アンチ銀歯派も安心な人工歯の手術もできるようになった。

21	スカンジウム Scandium	44.96	4 3	鈧

Sc

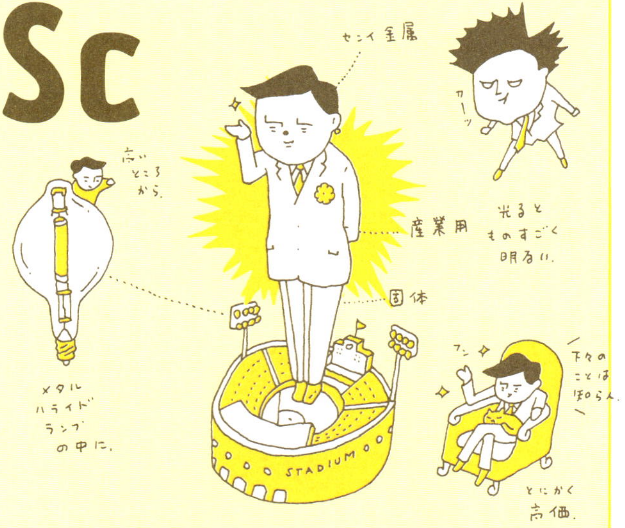

地味で高価なプチセレブ

原子番号が若い(=メジャーな元素が多い)わりに、ふだん目にすることが少ない。理由はとにかく高価だから。性質はアルミニウムに似た軽い金属だが、融点はアルミの倍。今後に期待できるポテンシャルのもち主である。発光管に封入するとハロゲンランプの2倍以上明るく、寿命も消費電力も優れているので、今はスポーツ施設や高級車のランプとして働いている。

【skǽndiəm】
発見：1879 年

融点	1541 ℃
沸点	2831 ℃
密度	2.989 g/cm³

22 チタン Titanium

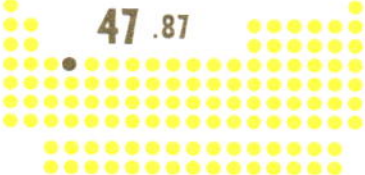

4
—
4

钛

Ti

超実用的なスマート金属

メガネ、ピアス、ゴルフクラブから化粧品まで、生活を支えているチタン。でもつい30年前までは、潜水艦や戦闘機用の特殊金属だった。イオン化しにくく海水や化学物質にも溶けず（だから金属アレルギーの人も使える）、軽くて強度があり、量も豊富。ただし、鉱石から取りだすのが難しい。最近になってその技術が開発され、ふつうの人も使えるようになった。

【taitéiniəm】
発見：1795 年

融点	1760 ℃
沸点	3287 ℃
密度	4.54 g/cm³

23 バナジウム Vanadium

50.94

4

5

钒

V

健康マニアの注目株

「バナジウムで健康！」っていうキャッチコピーを見た人も多いと思いますが、血糖値の降下などに効くといわれるミネラル金属です。でも効果には諸説あり。富士山麓の地下水に多く含まれるので、バナジウムウォーターなんていわれてます。ひじきや海苔にも含まれているそう。ちなみに、海の生物、「ホヤ」のある種のものは、血液中にバナジウムをもっています。

【vənéidiəm】

発見：1830 年

融点	1887 ℃
沸点	3377 ℃
密度	6.11 (19 ℃) g/cm^3

24	クロム Chromium	52.00	4 6	铬

Cr

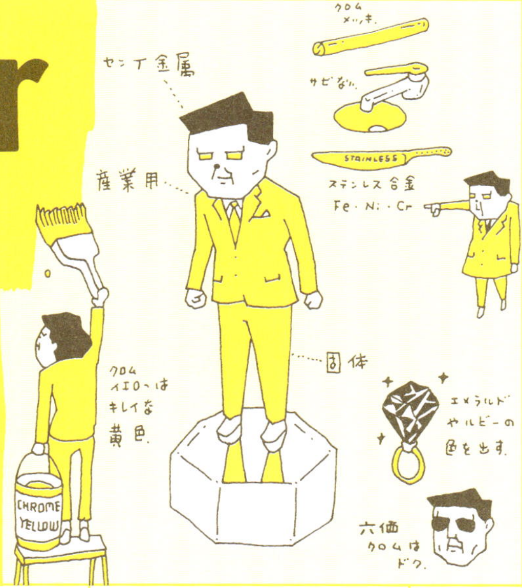

嫌われぎみのアーティスト

【króumiəm】

発見：1797 年

ひと昔前は株が大暴落していた金属。歴史的な公害事件の原因になったのが、クロムの一種「六価クロム」だからだ。でも、同じクロムでも「三価クロム」は人体に必要な微量ミネラル。エメラルドやルビーの発色のモトで、「ビリジアン(緑)」などの絵の具の原料として愛用されてきた。さびない金属ステンレスも、鉄とニッケルとクロムの合金。今はマジメなんです。

融点	1857 ℃
沸点	2672 ℃
密度	7.19 g/cm³

25	**マンガン** **Manganese**	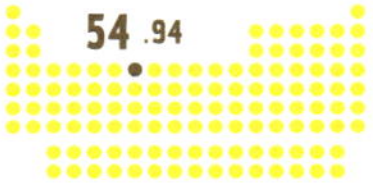	**4** — **7**	锰

Mn

昔ながらの働きモノ

【mǽŋgəniːs】

発見：1774 年

乾電池の原料としておなじみのマンガン。地上だけでなく海底に豊富な、海洋資源でもある。1800年代の発明以来、ながらく活躍してきたマンガン乾電池も、最近はアルカリ乾電池に世代交代。かと思いきや、実はしくみが違うだけで成分はほぼ変わってないらしく、次世代にのれんわけしたかっこうだ。人体の代謝をささえる必須ミネラルでもあり、まさに縁の下の力もち。

融点	1244 ℃
沸点	1962 ℃
密度	7.44 g/cm³

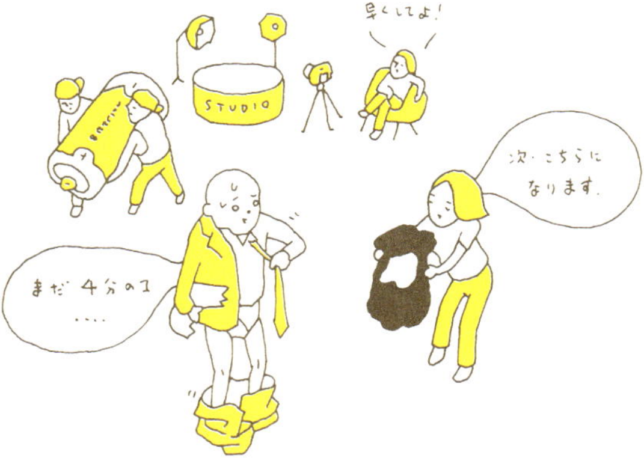
STUDIO
早くしてよ！
次、こちらに
なります。
まだ4分の1
……

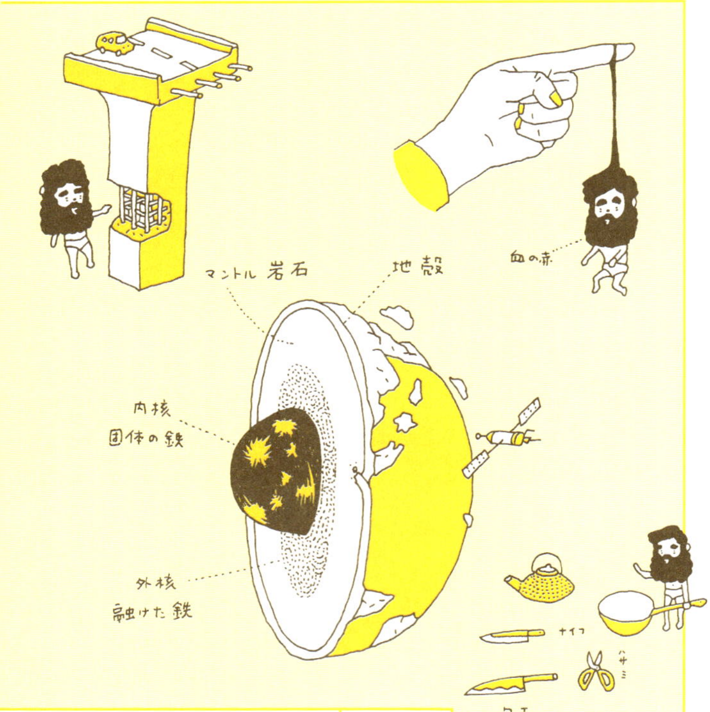

ります。
今、世界でつくられる金属のなんと約9割が鉄だそう。埋蔵量が圧倒的に多く、加工しやすく、強く、安いという万能ぶりが、人気のヒミツです。人間の血液中で酸素を運ぶヘモグロビンに含まれる元素としてもおなじみ。人類とは、内でも外でも深いおつきあいの元素です。

融点	1535 ℃
沸点	2750 ℃
密度	7.874 g/cm^3

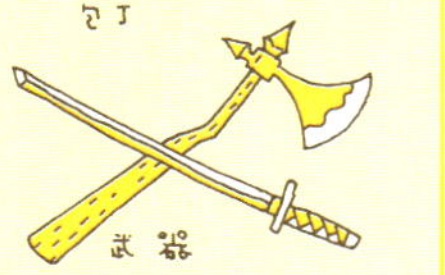

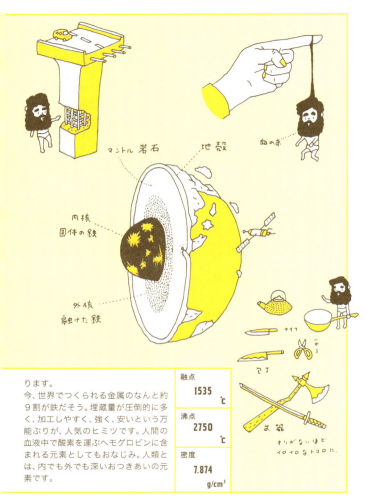

26 鉄 Iron

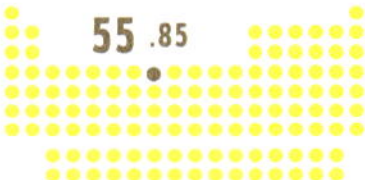

4

8

鉄

Fe

文明をわけた運命の歯車

【áiərn】
発見：古代

石器を使っていた古代の人類が、その後の文明へと向かう分かれ道が、「鉄の発見」でした。最初に製鉄を始めたのが、紀元前15世紀頃にトルコで王国を築いたヒッタイト人。彼らが滅び、各地に散らばったことで世界中に技術が広まり、これが鉄のターニングポイントになったといいます。以後、次第に人々の生活になじんでいくことにな

27	コバルト Cobalt	58.93	4 9	鈷

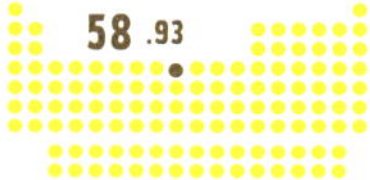

Co

青き衣のデジタル技師

【kóubɔ:lt】
発見：1737 年

「コバルトブルー」といわれるように、深く澄んだブルーがチャームポイント。でも昔は、銀鉱山で銀がとれないのは山の精の仕業と考え、鉱夫たちに「コボルト」(大地の妖精)と呼ばれ、おそれられたとか。これが名前の由来です。今は、磁気に敏感な特性を生かして、パソコンのハードディスクに使われるなどの多彩な活躍を見せ、しっかり汚名返上中。

融点	1495 ℃
沸点	2870 ℃
密度	8.9 g/cm³

28	ニッケル Nickel	58.69	4 10	鎳

Ni

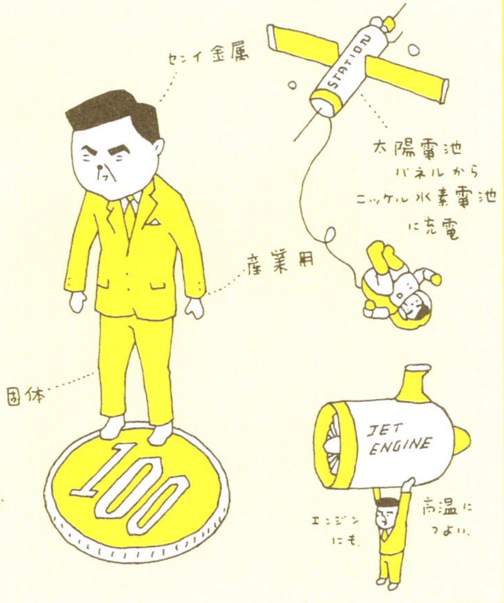

100円玉をつくります

【níkəl】

発見：1751年

銅との合金（白銅）として、日本では100円と50円の硬貨になり、アメリカでは5セント硬貨に使われている実力派。世界で年間100万トンほど生産されているそうですが、合金での使用が多く、とくに鉄との合金ステンレスが一般的。チタンと合わせれば形状記憶合金に。最近は、充電して何度も使えるエコ電池「ニッケル水素電池」の原料として注目されています。

融点	1455 ℃
沸点	2890 ℃
密度	8.902 (25℃) g/cm^3

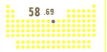

29	銅 Copper	63.55	4 / 11	銅

Cu

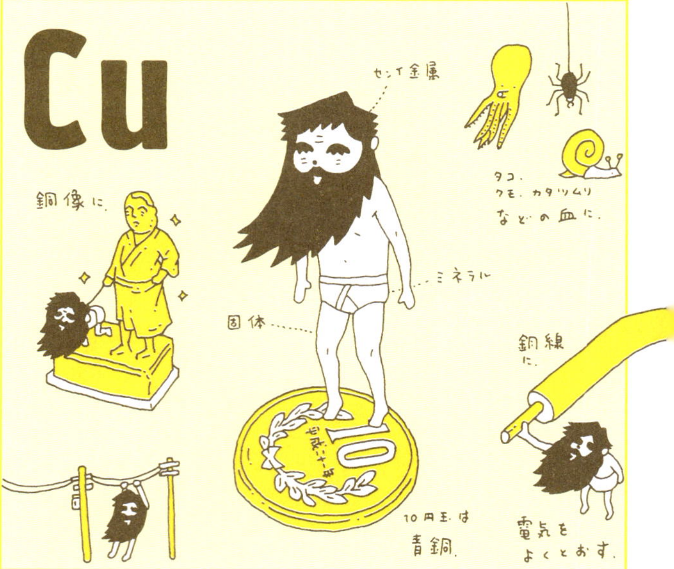

いちばん永く愛される金属

【kápər】
発見：古代

北イラクの遺跡で、紀元前9000年頃の銅の玉が発見された。これは「人類が使った最も古い金属」です。熱伝導性が高く、加工がしやすい銅ですが、もろすぎて当初は日用品止まりでした。でもスズとの合金「青銅」が開発されたことで、画期的に丈夫な武器や祭具・楽器・農耕具が誕生。これが紀元前後の歴史を分けました。銅ならぬ金メダルをあげたい奥深い元素。

融点	1083.5 ℃
沸点	2567 ℃
密度	8.96 g/cm^3

30	亜鉛 Zinc	65.38	4 / 12	鋅

Zn

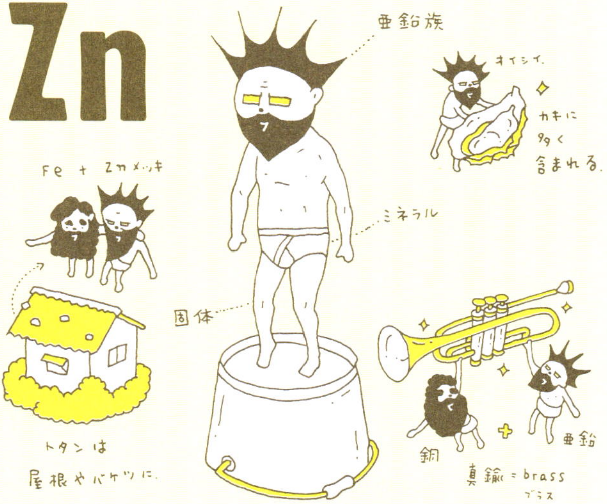

味にうるさい美食家元素

【zíŋk】

発見：中世

人体に不可欠なミネラルで、鉄分の次に多く含まれています。舌で味を感じる「味蕾」を構成する細胞をつくる手助けをしていて、不足すると味覚が感じられない「味盲」に。金属としても優秀で、さびが目立たない性質を生かしてトタン板（鉄に亜鉛メッキしたもの）になったり、銅との合金は真鍮として活躍、青色発光ダイオードの原料としても期待されています。

融点	419.58 ℃
沸点	907 ℃
密度	7.133 g/cm³

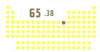

31	ガリウム Gallium	69.72	4 / 13	镓

Ga

アキバ系にやさしい元素

【gǽliəm】
発見：1875 年

「ガリウム？　何それ、いらなくね？」と思うなかれ。プレステ4やブルーレイなどに欠かせない元素なのだ。ガリウムの用途の大半は半導体と発光ダイオードで、最近のビジュアル機器には窒化ガリウムの半導体レーザーが導入されている。それまで難しかった青色の発光が可能になり、デジタルでも豊かなフルカラー表現ができるようになったのです。

融点	29.78 ℃
沸点	2403 ℃
密度	5.907 g/cm^3

32

ゲルマニウム
Germanium

72.64

4
14

鍺

Ge

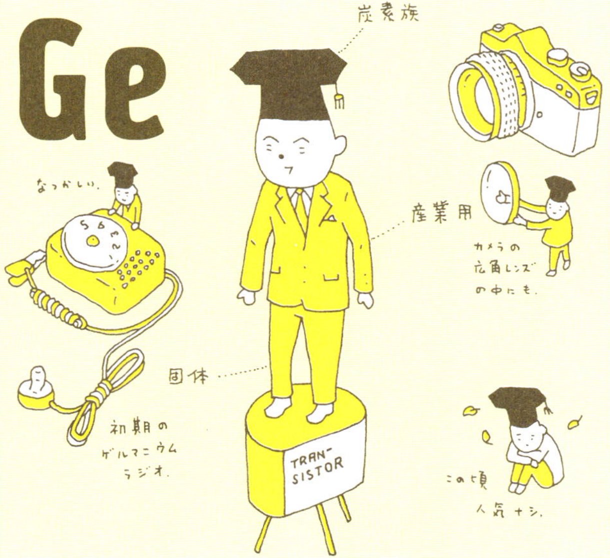

古き良き時代を歩んだ元素

【dʒərméiniəm】
発見：1885 年

ちょっとコワそうな名前ですが、オーディオマニアには懐かしい響きかも。1953年、ソニーがつくった世界初のトランジスターラジオの心臓部には、ゲルマニウムが使われていた。半導体の黎明期には活躍したけれど、今はほかの元素が台頭し、電子産業から身を引きぎみ。最近は健康効果が噂されて「ゲルマニウム温浴」など健康グッズに名前を聞くようになりました。

融点	937.4 ℃
沸点	2830 ℃
密度	5.323 g/cm^3

33 ヒ素 Arsenic

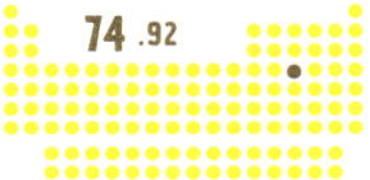

4
15

砷

As

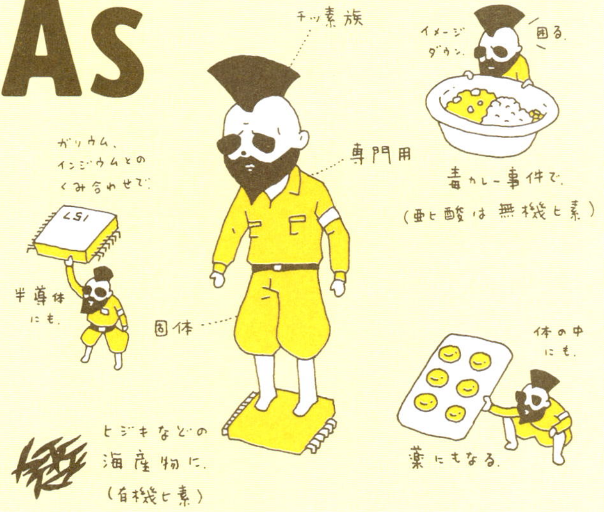

冷酷無比なダークサイダー

【á:rsənik】
発見：中世

1998年に起こった「和歌山毒入りカレー事件」で一躍話題になったヒ素ですが、ナポレオンを死なせたのも、「四谷怪談」でお岩さんに盛られた毒も、亜ヒ酸というヒ素化合物でした。体内の酵素の働きをシャットアウトするうえ、無色無臭なので、食べものに混ぜやすいのです。ヒジキなどに含まれる有機ヒ素で中毒は起こりません。実は半導体の材料として超有能だったりもする。

融点
817
(金属性、加圧下) ℃

沸点
616
(昇華) ℃

密度
5.78
(金属性)
g/cm^3

34 セレン Selenium

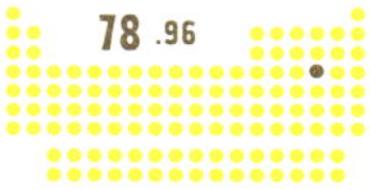

78.96

4

16

硒

Se

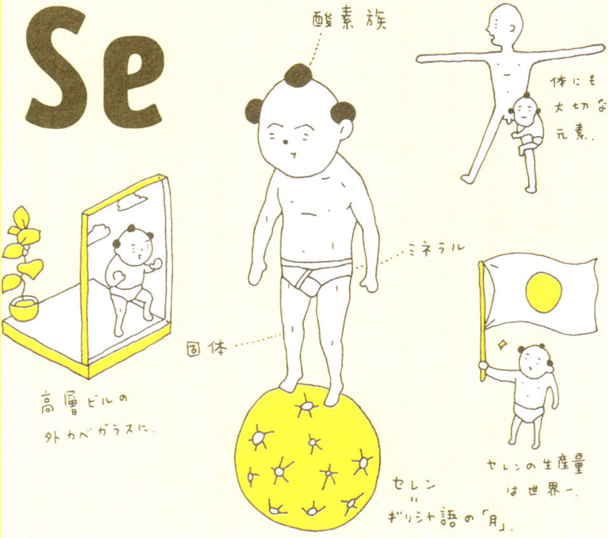

善と悪、2つの顔をもつ男

【silíːniəm】

発見：1817年

硫黄と同族なだけあって、とりあえずクサイ。人体の代謝に欠かせない元素で、不足すると免疫力が下がってしまうのだが、逆に摂りすぎると、胃腸障害を起こす有害な元素に豹変！欠乏と中毒のボーダーが近いので、摂り方がすごく難しいのだ。穀類や野菜、牛肉やたまご、ピーナッツなど幅広い食物に含まれる。光伝導効果があるので夜間撮影用のカメラなどでも活躍。

融点

217 ℃

沸点

684.9 ℃

密度

4.79

（灰色固体）

g/cm³

35

臭素 Bromine

79.90

4

17

溴

Br

名前と違って ロマンチスト

【bróumi:n】

発見：1826 年

1826年のフランスで、バラールとレーヴィッヒという23歳の学生２人が発見の栄冠を奪いあったという青春のニオイあふれる元素。実際、クサイらしいです。ある種の巻き貝に含まれており、美しい紫色をしていたので、古代のヨーロッパや日本では貴族の衣服を染めたそう。臭化銀は、「銀塩フィルム」といって写真の感光材に。アナログカメラ派には欠かせない。

融点	-7.3 ℃
沸点	58.78 ℃
密度	3.1226 (液体、20℃) g/cm^3

36	クリプトン Krypton	83.80	4 / 18	氪

Kr

まぶしく輝く フラッシュマン

【kríptan】

発見：1898年

アメコミの英雄「スーパーマン」の故郷が「クリプトン星」だというのは有名な話。「クリプトン」という名前には、「ヒミツの」という意味があって、発見がとても難しい元素だったので、この名前がつけられた。電球に封入すると、アルゴンを入れた一般的な白熱球より効率がよくなり、小型化できるのだ。これがクリプトンランプ。ストロボなどにも使われています。

融点

-156.6 ℃

沸点

-152.3 ℃

密度

0.0037493

（気体、20℃）

g/cm³

37
ルビジウム
Rubidium
38
ストロンチウム
Strontium
39
イットリウム
Yttrium
40
ジルコニウム
Zirconium
41
ニオブ
Niobium
42
モリブデン
Molybdenum
43
テクネチウム
Technetium
44
ルテニウム
Ruthenium
45
ロジウム
Rhodium
46
パラジウム
Palladium
47
銀
Silver
48
カドミウム
Cadmium
49
インジウム
Indium
50
スズ
Tin
51
アンチモン
Antimony
52
テルル
Tellurium
53
ヨウ素
Iodine
54
キセノン
Xenon

周期

PERIOD

5

原子番号

ATOMIC NUMBER

37→54

37	ルビジウム Rubidium	85.47	5 ― 1	铷

Rb

宇宙のタイムキーパー

【ru:bídiəm】
発見：1861 年

「ピッピッポーン」。ＮＨＫのテレビで流れる時報、あれを計っているのがルビジウムを使った原子時計です。ルビジウムのエネルギーの変化を利用した時計で、誤差は10年に１秒とかなり正確。また、放射性のルビジウムの寿命は約488億年もあり、地球上の鉱石や宇宙から来た隕石に含まれるルビジウムの残量を計ると、それがどれくらい前のモノかがわかるそうです。

融点	39.1 ℃
沸点	688 ℃
密度	1.532 g/cm^3

38	ストロンチウム Strontium	87.62	5 ― 2	鍶

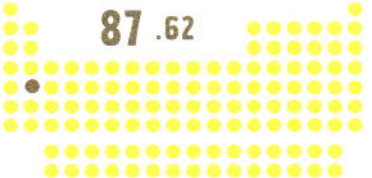

Sr

心やさしき火の玉野郎

【stránʃiəm】
発見：1787 年

ストロンチウムは、夏の打ち上げ花火で、ひときわ目立つ赤色。アルカリ金属やアルカリ土類金属は元素ごとに炎の色が違うのだが、ずば抜けてあざやかに燃えるので、車に搭載されている発煙筒にも使われている。アルカリ土類金属のアニキ分であるカルシウムに似て骨に吸収されやすい性質もあり、放射性のストロンチウムを使って骨腫瘍の診断や治療などにも登場する。

融点	769 ℃
沸点	1384 ℃
密度	2.54 g/cm^3

39	イットリウム Yttrium	88.91	5 3	钇

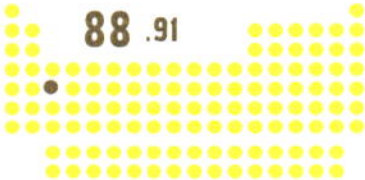

Y

レーザー界の草分け的存在

【ítriəm】

発見：1794 年

悪ガキ時代、誰彼に「レーザー光線！」をとばしていた僕ですが、「LASER」というのは「放射の誘導放出による光の増幅」という意味の英語の略語だそうです。難し。で、イットリウムは、そのレーザーの代表格「YAG（ヤグ）レーザー」に使われている。イットリウムとアルミニウムの酸化物からできた結晶で、強いレーザー光をだします。溶接や手術、工場で活躍中。

融点	1522 ℃
沸点	3338 ℃
密度	4.469 g/cm^3

40	ジルコニウム Zirconium	91.22	5 / 4	锆

Zr

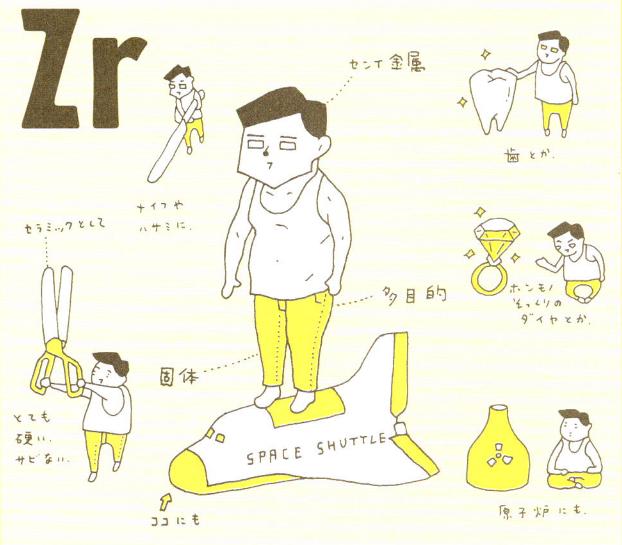

われらにも ダイヤを！

【zəːrkóuniəm】
発見：1789 年

大人の階段のぼる少女たちにも、お茶の間の主婦にも人気の元素。加工するとダイヤモンドそっくりの輝きをもつ結晶になり（キュービックジルコニア）、アクセサリーとして大人気。その一方で、ジルコニウムの酸化物の粉末を焼き固めると、金属よりも強くてさびない「ファインセラミックス」のできあがり。白い刃をもつハサミや包丁としてキッチンをサポートします。

融点	1852 ℃
沸点	4377 ℃
密度	6.506 g/cm³

41	ニオブ Niobium	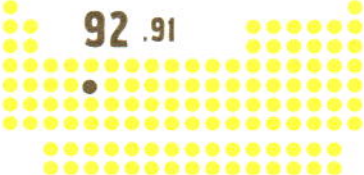 92.91	5 / 5	鈮

Nb

未来の"便利"を支えます

【naióubiəm】
発見：1801年

原子番号73のタンタルとよく似ているので、ギリシャ神話に登場するタンタロスの娘「ニオベ」から名づけられた。どんくさそうな名前に似合わず、ジェットエンジン、スペースシャトルの機体や、リニアモーターカーの動力になるイマドキ元素。鋼に加えれば、熱にとても強い合金になるし、損失なく電流が流せる能力（超伝導）があり、優秀な電磁石がつくれます。

融点	2468 ℃
沸点	4742 ℃
密度	8.57 g/cm³

42 モリブデン Molybdenum

95.94

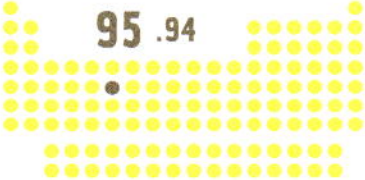

5

6

钼

Mo

多角経営の鍛冶屋さん

【məlíbdənəm】

発見：1778 年

鉄との合金、モリブデン鋼は、さびにくくバツグンの強度を誇る金属。モリブデン鋼の包丁は切れ味鋭く、1 本数万円もする。ジェット機の脚や、ロケットのエンジンなど特殊機械の材料などに活躍するスペシャリスト。最近は、モリブデンを使うと適度な電気で効率的に温水をつくれるとわかり、セラミックヒーターやトイレの温水洗浄便座などにも使われるように。

融点	2617 ℃
沸点	4612 ℃
密度	10.22 g/cm^3

43 テクネチウム Technetium

[99]

5

7

锝

Tc

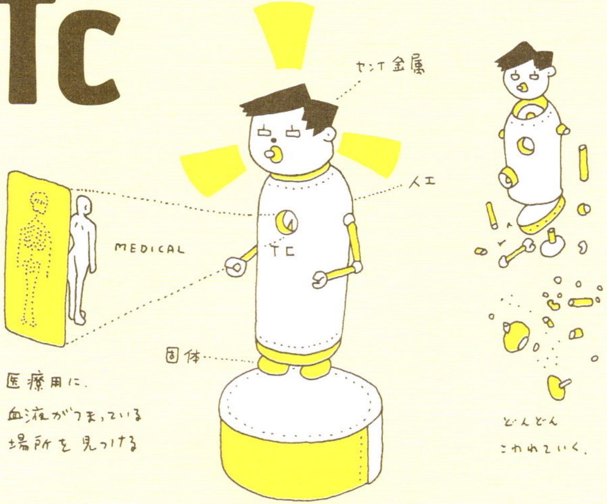

人類史上初の人工元素

【tekníːʃiəm】

発見：1937 年

43番目の元素は、地球誕生時にはいたけれど、はるか昔にぜんぶ崩壊してしまった。でも科学者たちはどうしてもこれを見つけたいといろんな方法で試すうち、なんか、つくれちゃった。それがテクネチウムです。「放射性元素」といって放射線をだす性質があり、これを利用して、放射線検査や、血管のつまりを計る薬剤などの画像診断に使われ、医療現場を支えています。

融点

2172 ℃

沸点

4877 ℃

密度

11.5 g/cm^3

44	**ルテニウム** **Ruthenium**	101.1	5 8	钌

Ru

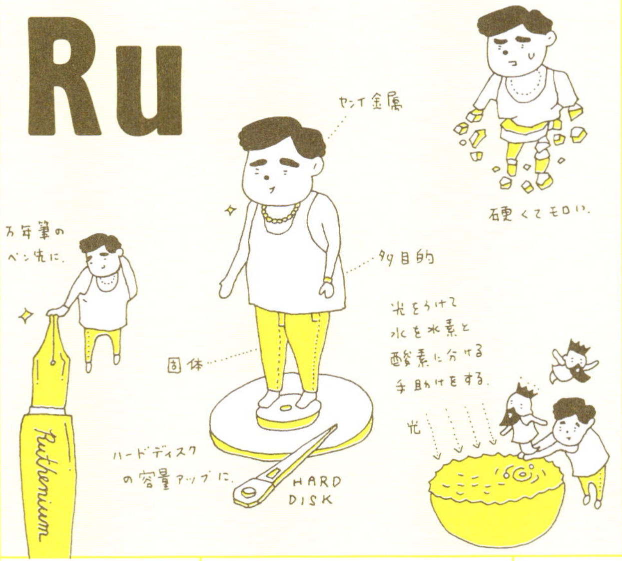

生まれも育ちもセレブ

【ru:θí:niəm】

発見：1844 年

高価な貴金属のなかまだけど、活躍の場はアクセサリーではありません。有機合成化学の触媒として、2001 年、2005年と近年ノーベル賞受賞の研究に貢献。現在のパソコンのハードディスク容量をさらにアップさせる磁気ディスク材料としても役立ってます。美しい光沢があり、劣化しないので高級万年筆のペン先にも。何かと上流階級っぽさが漂う元素です。

融点	2310 ℃
沸点	3900 ℃
密度	12.37 g/cm³

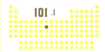

45	ロジウム Rhodium	102.9	5 / 9	铑

Rh

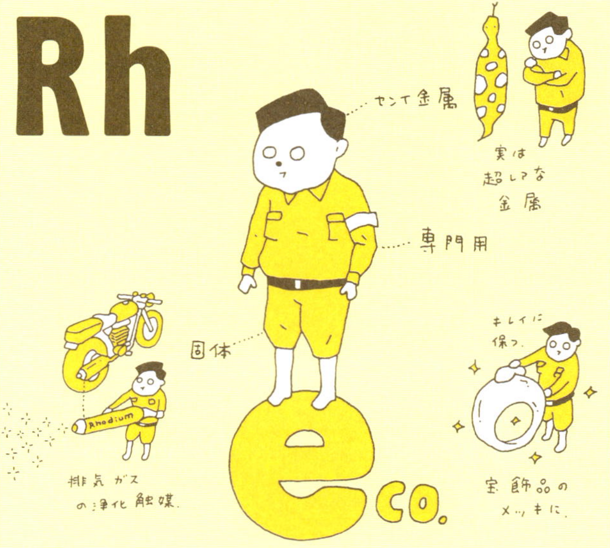

人を輝かせるせつない裏方

【róudiəm】
発見：1803年

世界で年間16トンしか産出されない希少な貴金属であり、プラチナや金より高級品なのにもかかわらず、表舞台にぜんぜん現れない。何をしているかというと、ほかの貴金属をひたすらコーティングしている。美しい白で、変色せず耐食性も強く、加工しやすい。シルバーやプラチナのアクセサリーにメッキすると美しさが続くのだ。自分より他人の美を支える健気な元素。

融点	1966 ℃
沸点	3727 ℃
密度	12.41 g/cm^3

46	パラジウム Palladium	106.4	5 10	鈀

Pd

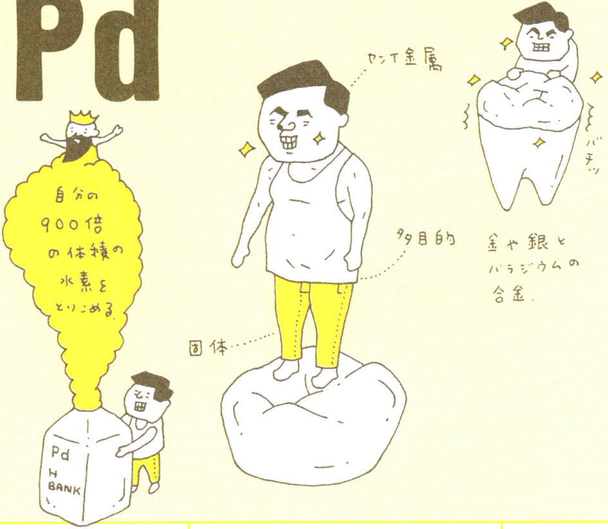

「みにくいアヒルの子」でした

【pəléidiəm】
発見：1803年

はるか昔、金鉱山ではパラジウムが混じった金は「できそこない」と呼ばれていた。白金鉱でロジウムとともに発見され、同じころ見つかって世界を沸かせた小惑星「パラス」にちなんでパラジウムと名づけられました。900倍以上の体積の水素を吸収する性質があり、水素を使った燃料電池などの材料や、有機化合物をつくるための触媒として研究現場で愛されています。

融点	1552 ℃
沸点	3140 ℃
密度	12.02 g/cm^3

47	銀 Silver	107.9	5 / 11	银

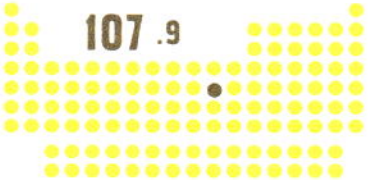

Ag

カッコいいし 仕事できるし

【sílvər】
発見：古代

古代から愛されてきた、貴金属の代表格。白い輝きの美しさから、ロマンティックなイメージとよく結びつけられる。加工しやすくて安いので、アクセサリーや食器などに欠かせない。銀イオンが細菌の酵素と結びつくため除菌作用もあり、デオドラントスプレーや防臭繊維など、近ごろさらに活躍の場を広げている。天敵は硫黄。硫黄に触れると黒ずむので温泉では注意！

融点	961.93 ℃
沸点	2212 ℃
密度	10.5 g/cm^3

48 カドミウム Cadmium

112.4

5

12

镉

Cd

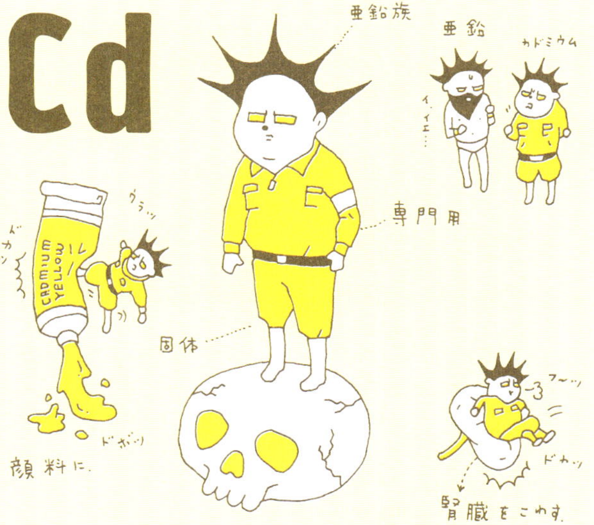

暴走するマッドサイエンティスト

【kǽdmiəm】

発見：1817 年

大正から昭和にかけて、富山県の神通川付近で謎の病が発生しました。のちに「日本４大公害」と称された「イタイイタイ病」。これの原因が、鉱山から流れでたカドミウムです。人体の必須元素である亜鉛とよく似ているため、体になんなく入り込み、蓄積して骨を侵します。今は、顔料やニッカド蓄電池などに使われますが、使い方は厳重に規制されています。

融点

320.9 ℃

沸点

765 ℃

密度

8.65

(25℃)

g/cm³

49	インジウム Indium	114.8	5 13	铟

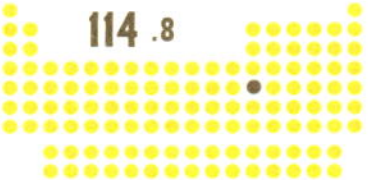

In

まさに旬！時代の寵児

【índiəm】

発見：1863 年

現在、電機メーカーが最も力を入れている「薄型テレビ」開発。ここがインジウムの活躍の舞台です。「電気を通し、かつ透明」というきわめて珍しい膜をつくれるので、液晶、プラズマ、有機EL※などほとんどのテレビパネルに必要。でも、産出量世界一を誇った国内の鉱山が2006年に閉山。これから日本は、世界を相手に資源獲得競争を展開しなくてはなりません。

融点	156.17 ℃
沸点	2080 ℃
密度	7.31 (25℃) g/cm^3

※有機EL:「有機エレクトロルミネッセンス」の略。電気で有機物が発光する現象。次世代薄型ディスプレイに使われる。

50	スズ Tin	118.7	5 14	錫

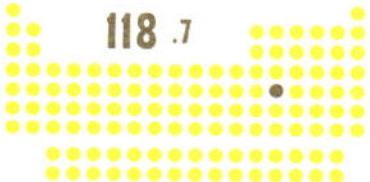

Sn

古代の英雄 今はノンビリ

【tín】

発見：古代

銅と同じく、古代から活躍してきた元素。たくさんあり、溶けやすく、加工しやすい。銅との合金が「青銅」で、紀元前は武具になって世界の数々の歴史を拓いてきました。日本では、奈良時代以降から仏像に使われ、なじみ深い金属です。変質しやすく現在は実用性がうすいので、ブリキのおもちゃや缶詰、ハンダ、活字など、昔ながらのものをつくることが多いようです。

融点	231.9681 ℃
沸点	2270 ℃
密度	7.31 (白色スズ) g/cm³

51	アンチモン Antimony	121.8	5 15	锑

Sb

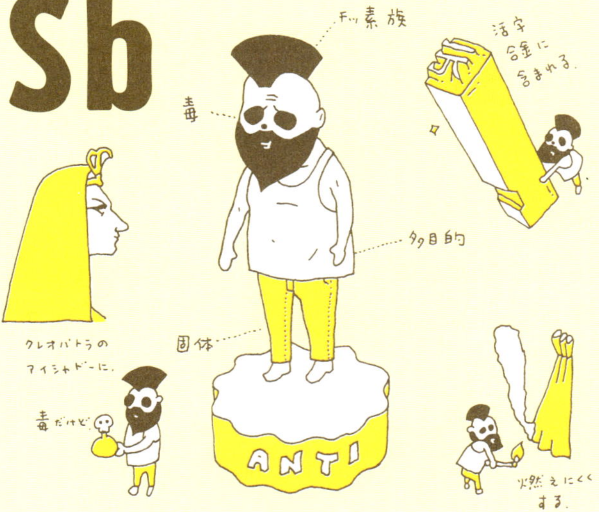

クレオパトラに愛されちゃった

【æntəmòuni】
発見：1450 年

今ではあまり見かけませんが、鉛と混ぜて活字として使われていたり、半導体材料や鉛蓄電池の電極など、手堅く活躍の場を確保してきたコツコツ派の元素。でも古代エジプト時代にさかのぼると、エジプトの美しき女王クレオパトラの目を囲む、あの黒いアイシャドーだったのです。実直キャラの意外な過去。毒性があるので、現代の女性たちは使えません。

融点	630.74 ℃
沸点	1635 ℃
密度	6.691 g/cm³

52	テルル Tellurium	127.6	5 / 16	碲

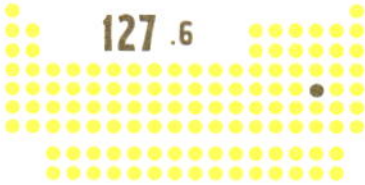

Te

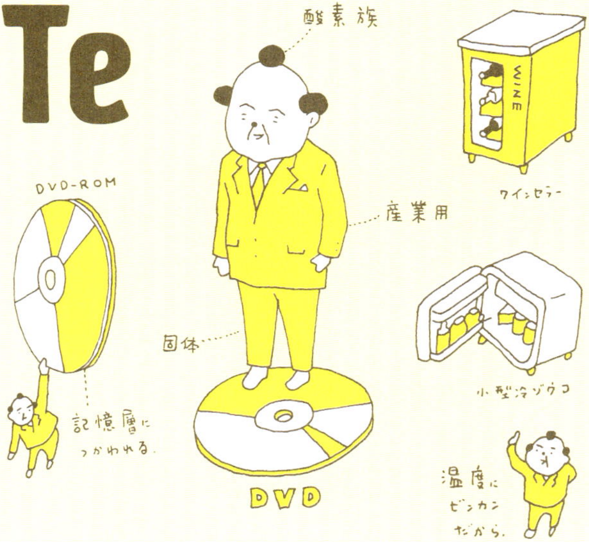

かわいいのに クサイ系

【telúəriəm】
発見：1782 年

「地球」を意味するラテン語「テルス」から名づけられたテルル。すてきな響きです。DVDディスクの情報記録を手伝ったり、緑色の発光ダイオードになったりと働きもマジメ。ビスマスやセレンと組んで、音が静かで温度調整に優れた小型冷蔵庫もつくっています。そんなテルルなのに、なんと体臭がニンニクです。残念ですが、硫黄やセレンと同じくクサイ系なのです。

融点	449.5 °C
沸点	990 °C
密度	6.24 g/cm³

53	**ヨウ素** **Iodine**	126.9 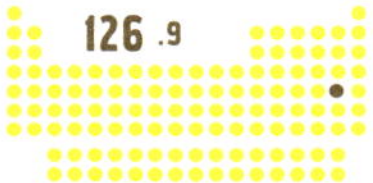	5 17	碘

I

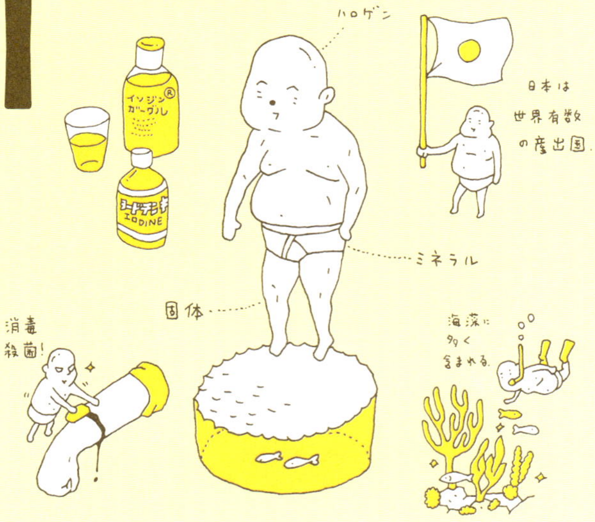

ワカメ生まれ 千葉県そだち

【áiədàin】
発見：1811 年

甲状腺ホルモンの成分として人体に欠かせないミネラルでもあるヨウ素。海藻に含まれ、とくに千葉県九十九里浜一帯の地下水層に大量にあります。この理由はよくわかってないらしいけど、千葉は世界第2位のヨウ素産出地なのです。ヨウ化銀という化合物は、なんと人工で雨を降らせることが可能。東京でも '96年と '01 年夏に、この人工降雨装置で雨を降らせたとか。

融点	113.6 ℃
沸点	184.4 ℃
密度	4.93 g/cm^3

54 キセノン Xenon

131.3

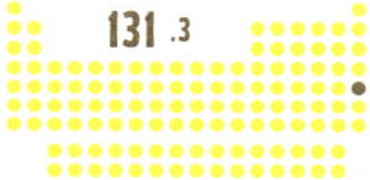

5

18

氙

Xe

宇宙にとびたつ奇跡のガス

【zí:nan】

発見：1898 年

アメリカの宇宙探査船「ディープスペース1」、ヨーロッパ宇宙機関の「スマート1」、日本の小惑星探査船「はやぶさ」。これらの宇宙空間での移動に使われたのがキセノンです。キセノンを推進剤にしたイオンエンジンは、ロケットエンジンの10倍以上も燃費がいいそう。ほかにも、今流行のプラズマディスプレイの封入ガスに使われるなど、上昇志向バリバリな元素。

融点

-111.9 ℃

沸点

-107.1 ℃

密度

0.0058971

（気体、20℃）

g/cm^3

55
セシウム
Cesium
56
バリウム
Barium
57
ランタン
Lanthanum
58
セリウム
Cerium
59
プラセオジム
Praseodymium
60
ネオジム
Neodymium
61
プロメチウム
Promethium
62
サマリウム
Samarium
63
ユウロピウム
Europium
64
ガドリニウム
Gadolinium
65
テルビウム
Terbium
66
ジスプロシウム
Dysprosium
67
ホルミウム
Holmium
68
エルビウム
Erbium
69
ツリウム
Thulium
70
イッテルビウム
Ytterbium
71
ルテチウム
Lutetium
72
ハフニウム
Hafnium
73
タンタル
Tantalum
74
タングステン
Tungsten
75
レニウム
Rhenium
76
オスミウム
Osmium
77
イリジウム
Iridium
78
白金
Platinum
79
金
Gold
80
水銀
Mercury
81
タリウム
Thallium
82
鉛
Lead
83
ビスマス
Bismuth
84
ポロニウム
Polonium
85
アスタチン
Astatine
86
ラドン
Radon

周期
PERIOD
6

原子番号
ATOMIC NUMBER
55→86

55	セシウム Cesium	132.9	6 / 1	铯

Cs

私が「1秒」を決めてます

【sí:ziəm】
発見：1860 年

「1秒って、なぜに1秒？」と思ったことはないだろうか。ながらく地球の自転速度をもとにその長さが決められていたが、1967年、国際度量衡総会という機関が、「もっと正確に決めよう」と再定義した。ここに登場したのがセシウムです。セシウム原子の電磁波の周期をもとに1秒が定義されました。セシウムの原子時計は抜群に正確。最高精度の誤差は30万年に1秒！

融点	沸点	密度
28.40 ℃	668.5 ℃	1.873 g/cm³

56	バリウム Barium	137.3	6 / 2	钡

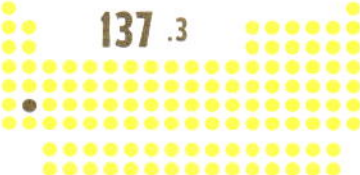

Ba

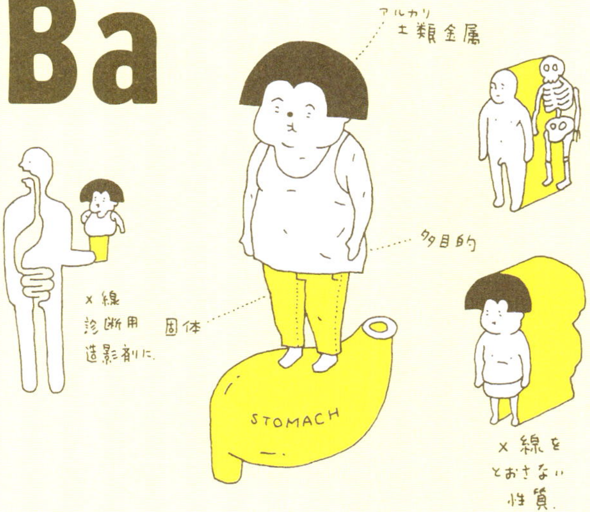

職業は医者、家ではヤクザ

【béəriəm】
発見：1808年

バリウムといえば、「レントゲン検査で飲む白いやつ」。正確には硫酸バリウムといい、とても安定な粉末を水に分散させたもの。X線をあてると白く映るので、胃の状態を調べるのにぴったりなのだ。ところが水に溶けるバリウムイオンになると、一転して猛毒。体内に入るとおう吐や麻痺を起こします。金属バリウムは空気中で激しく反応するので、石油中で保存する危険物。

融点	沸点	密度
729 ℃	1637 ℃	3.594 g/cm³

57 ランタン Lanthanum

138.9

6

3

鑭

La

アウトサイダー集団のヘッド

元素周期表のまとまりからはみだし、アンダーワールドで暮らすランタノイドとアクチノイド。ランタノイドは「ランタンに似たもの」という意味で、この一族15人は性質も用途も似かよっている。ただ、磁性をもつ仲間が多いなかでランタンには磁性がない。ライターの発火石に使われるほか、視野の鮮やかな光学レンズがつくれるので、携帯電話のカメラにも使われている。

【lǽnθənəm】

発見：1839 年

融点	921 ℃
沸点	3457 ℃
密度	6.145 (25℃) g/cm³

58 セリウム Cerium

【síəriəm】

発見：1803年

Ce

ランタノイドの大黒柱

铈

140.1

6 — 3

融	799 ℃
沸	3426 ℃
密	6.749 （β固体、25℃）g/cm³

地味ながら、実は銅や銀などよりも地球上にたくさんある元素。紫外線吸収効果があり、サングラスやUV防止ガラスに。排気ガス浄化用触媒としてエンジンに搭載されたり、広くがんばる元素です。

59 プラセオジム Praseodymium

【prèizioudímiəm】

発見：1885年

Pr

町工場に注ぐイエローマジック

鐠

140.9

6 — 3

融	931 ℃
沸	3512 ℃
密	6.773 g/cm³

単体は銀白色の固体ですが、酸化されると黄色くなる元素。青い光を吸収するパワーをもつため、溶接作業用ゴーグルに。黄色を活かして、陶器などを仕上げる釉薬にも使われます。

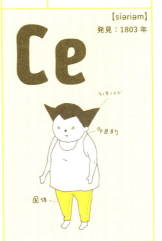

60 ネオジム Neodymium

144.2

6
3

钕

Nd

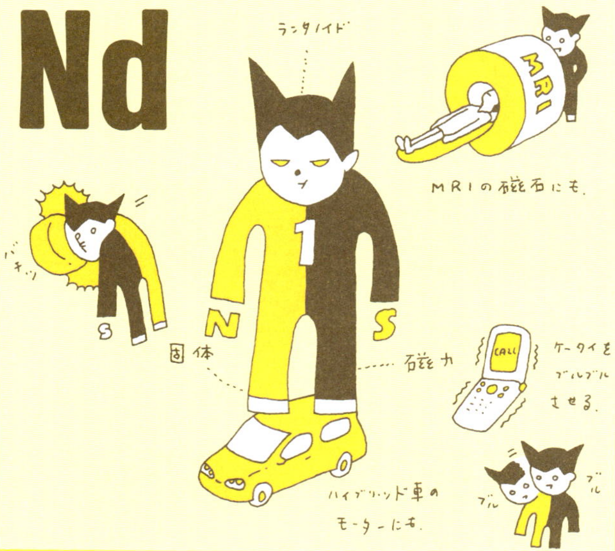

史上最強のスーパー磁石

【ní:oudímiəm】
発見：1885 年

ネオジムは、プラセオジムと双子の兄弟。同じ石から見つかり、名前には「新しい双子」という意味がある。しかしこのネオジムには恐るべき能力が！ネオジムと鉄ほか数種の元素を合わせると、世界最強の磁石になるのです。これを1982年に発明したのが、住友特殊金属に所属していた佐川眞人さん。当時最強といわれた別の磁石の約1.5倍も強く、一躍栄光を手にした。

融点	1021 ℃
沸点	3068 ℃
密度	7.007 g/cm³

62 サマリウム Samarium

【səmɛ́əriəm】
発見：1879 年

Sm

磁石界のナンバーツー

钐

150.4

6—3

融 1077 ℃
沸 1791 ℃
密 7.52 g/cm³

ネオジム磁石以前は、世界最強の冠を得ていたのがサマリウム-コバルト磁石。ランタノイド系磁石は、少量でも磁力がケタはずれなため、イヤフォンなど小型・軽量機器には不可欠です。

61 プロメチウム Promethium

【prəmí:θiəm】
発見：1926 年

Pm

ママは原子炉炎のベビー

钷

[145]

6—3

融 1168 ℃
沸 約 2727 ℃
密 7.22 g/cm³

人類に火を授けた神「プロメテウス」の名をもつ、ランタノイド唯一の人工放射性元素。今も日々原子炉で生まれている。放射線をだす際の熱を利用した原子力電池としての用途が有力。

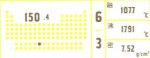

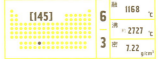

63	ユウロピウム Europium	152.0	6 3	铕

Eu

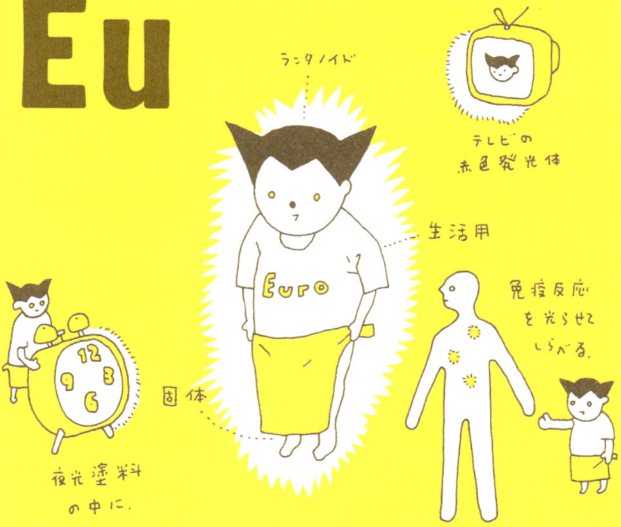

暗闇で輝く夜の住人

【juəróupiəm】
発見：1896 年

目覚まし時計や腕時計を物陰にいれてみよう。目盛りがほのかに光ったら、そこにユウロピウムがいる。夜光塗料（ルミノーバ）には、発光体として入っているのだ。実は郵送済みハガキにも印刷されており、ふだんは見えないが、紫外線をあてるとバーコードが浮かぶ。「昼光色」の蛍光灯の赤みや、カラーテレビの赤色の発光体もユウロピウムが担当しています。

融点	822 ℃
沸点	1597 ℃
密度	5.243 g/cm^3

64 ガドリニウム Gadolinium

【gædəlíniəm】

発見：1886 年

Gd

磁力で病気を見つけます！

钆

157.3	6―3	融 1313℃
		沸 3266℃
		密 7.9004 (25℃) g/cm³

病気を見つけるため体内を画像化するMRI検査。この検査前に体内に入れる造影剤にガドリニウムが使われています。原子核から放出される中性子を吸収するので、原子力発電の現場でも活躍。

65 テルビウム Terbium

【tə́:rbiəm】

発見：1843 年

Tb

ちょっと旬は過ぎたけど

铽

158.9	6―3	融 1356℃
		沸 3123℃
		密 8.229 g/cm³

ひと昔前は定番だったMOやMDディスク。この磁気ディスクで活躍したのがテルビウムでした。今は発光体としてテレビに、磁性を活かして電動アシスト自転車や磁性ガラスの原料に。

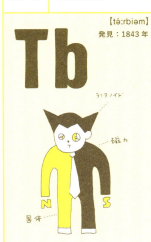

67 ホルミウム Holmium

【hóulmiəm】

発見：1879 年

Ho

男の病に頼れる味方

钬

164.9	6—3	融	1474 ℃
		沸	2395 ℃
		密	8.795 g/cm³

中高年男性の悩みのタネ、「前立腺肥大症」の治療に欠かせないのがホルミウムを使ったレーザー。切開と同時に止血もでき、痛みや損傷を抑えます。腎臓や尿道の結石の破壊も得意。

66 ジスプロシウム Dysprosium

【disprόusiəm】

発見：1886 年

Dy

ネオジムとは最強タッグ

镝

162.5	6—3	融	1412 ℃
		沸	2562 ℃
		密	8.55 g/cm³

最強のネオジム磁石にも、温度が上がると磁力がおちるという弱点が。それを助けるのがジスプロシウム。ハイブリッドカーのモーターなど高温になる用途では、このコンビが不可欠です。

69 ツリウム Thulium

【θjúːliəm】

発見：1879 年

Tm

エルビウムの小さな弟分

铥

168.9	6—3	融 1545 ℃
		沸 1947 ℃
		密 9.321 g/cm³

ランタノイドのなかでも量が少なく、単体で取りだすのが難しいのであまり利用されていない元素。エルビウムと同じく、光ファイバーで送られる光を強化する光アンプに使われます。

68 エルビウム Erbium

【ə́ːrbiəm】

発見：1843 年

Er

ネット時代の「光」を担当

铒

167.3	6—3	融 1529 ℃
		沸 2863 ℃
		密 9.066 (25℃) g/cm³

インターネット上で大量の情報をやりとりできるのは、光ファイバーのおかげ。光によって信号を送るしくみだが、エルビウムを使った光アンプで中継することで、長距離通信が可能に。

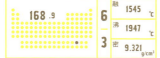

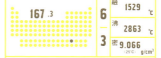

71 ルテチウム Lutetium

【luːtíːʃiəm】

発見：1907 年

Lu

金より高い！
王族元素

镥

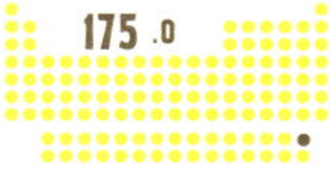

6	融	1663 ℃
—	沸	3395 ℃
3	密	9.84 g/cm³

金属の１グラムあたりの価格を見ると、銀は73.22円、金は5147円、白金は5091円もする。だがルテチウムはなんと88500円※！ 高いけど、研究用以外にほとんど用途がない。

70 イッテルビウム Ytterbium

【itéːrbiəm】

発見：1878 年

Yb

チーム北欧の
ひとりです

镱

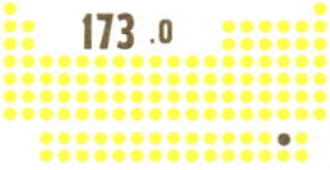

6	融	824 ℃
—	沸	1193 ℃
3	密	6.965 g/cm³

名前の由来は、スウェーデンの小さな町「イッテルビー」から。いくつもの元素が発見された〝元素タウン〟です。用途はエルビウムと似ているけど、ガラスを黄緑に着色することもできます。

※ルテチウム以外の値段は貴金属相場（2015 年 2 月 10 日現在）に、ルテチウムは 2015 年 2 月時点の試薬カタログの値段による．和光純薬工業（株）http://www.siyaku.com

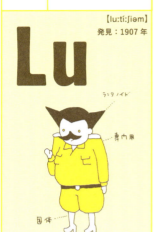

73 タンタル Tantalum

【tǽntələm】

Ta

発見：1802 年

人工骨と携帯電話に

鉭

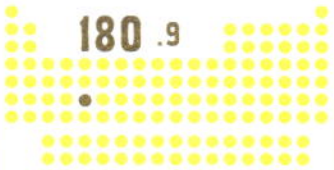

6—5	融	2996 ℃
	沸	5425 ℃
	密	16.654 g/cm^3

人体に無害で、生体になじみやすいので人工骨や人工関節、インプラント（人工歯根）に。電気を蓄えるコンデンサ装置に使われ、小型で性能がいいので携帯電話やパソコンでも活躍。

72 ハフニウム Hafnium

【hǽfniəm】

Hf

発見：1922 年

ジルコニウムと表裏一体

鉿

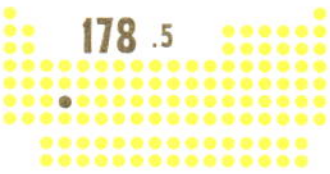

6—4	融	2230 ℃
	沸	5197 ℃
	密	13.31 g/cm^3

原子番号40番のジルコニウムと性質がよく似た元素。原子炉での使用が一般的で、中性子を吸収する「制御棒」にハフニウム、逆の働きをする「燃料棒」にジルコニウムが使われる。

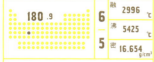

74	タングステン Tungsten	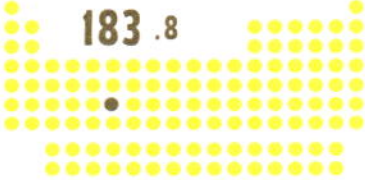 183.8	6 6	钨

W

世界一アツイ職人肌元素

【tʌ́ŋstən】
発見：1781 年

エジソンが白熱電球を発明した当時、フィラメントは竹で、切れやすいのが難点でした。20世紀初頭にタングステンフィラメントが登場。以来、白熱電球はタングステンランプと呼ばれています。元素中でいちばん融点が高く、高温に強いのだ。炭化させるとダイヤモンドにつぐ硬さの超硬合金に！ 耐摩耗性が必要な金属用ドリルや金型などで、工業現場を支えています。

融点	沸点	密度
3407 ℃	5657 ℃	19.3 g/cm³

76 オスミウム Osmium

【ázmiəm】

発見：1803年

Os

いちばん重いオスモウさん

锇

6—8	
融	3054℃
沸	5027℃
密	22.59 g/cm³

最も密度が大きい元素で、最も重い金属。イリジウム、ルテニウム、白金と合金にすると、さびにくく摩耗しにくいうえに美しい銀光沢がでるので、万年筆のペン先として愛されています。

75 レニウム Rhenium

【rí:niəm】

発見：1925年

Re

元素発見史のひとくぎり

铼

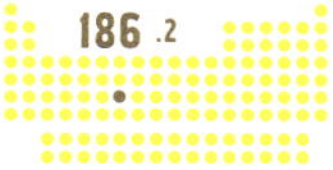

6—7	
融	3180℃
沸	5627℃
密	21.02 g/cm³

レニウムは、天然元素のなかでは最後に発見されました。希少だが、タングステンについで融点が高いので、高温測定用の温度計部品や、ロケットノズルなど特殊な分野で活躍中です。

77	**イリジウム** **Iridium**	192.2 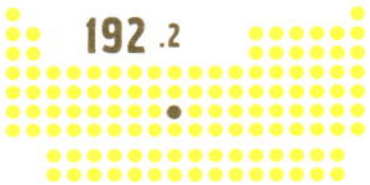	6 9	铱

Ir

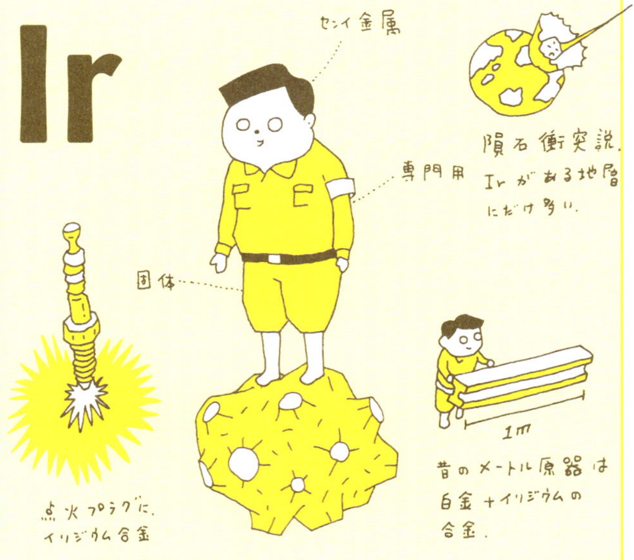

“永遠”に最も近い元素

【irídiəm】

発見：1803 年

金や白金は、変質しにくいことから結婚指輪の素材として有名。でも、世界一腐食しにくい金属はこのイリジウムです。「重さ」の世界的な基準としてつくられた「国際キログラム原器」は、何世紀経っても変質して重さが変わることのないよう、イリジウム約10%、白金約90%の合金を使っています。永遠の愛を誓いたい人には、イリジウムの指輪を贈るべきかも。

融点	2410 ℃
沸点	4130 ℃
密度	22.56 g/cm^3

78	白金(プラチナ) Platinum	195.1	6 / 10	铂

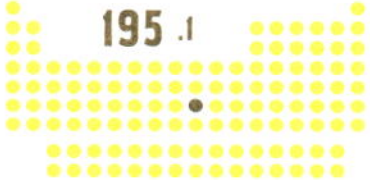

Pt

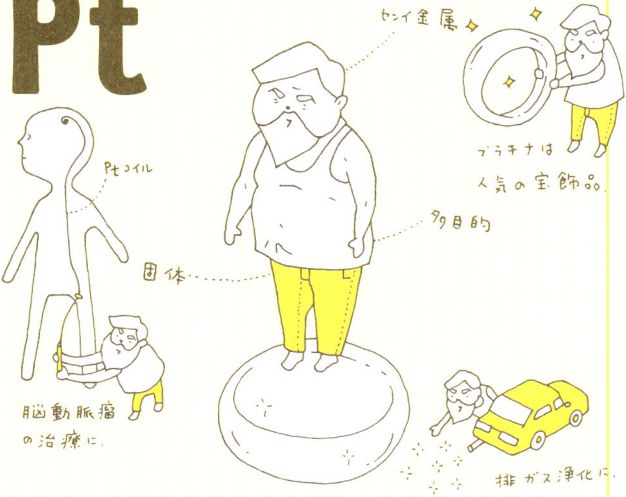

遅咲きのスター元素

【plǽtənəm】
発見：1751 年

高級アクセサリーには欠かせないプラチナですが、18世紀ごろまでは金や銀の影に隠れた存在でした。名前もスペイン語で「小さな銀（pla-tina）」という意味。でも今は、輝きが変質しにくいことから大人気を獲得。耐食性などの強さを活かして、理化学用品や電極、脳動脈瘤の治療用コイルや、抗がん剤としても注目され、キレイなだけじゃない実力を示しています。

融点	1772 ℃
沸点	3827 ℃
密度	21.45 g/cm³

79	金 Gold	197.0	6 11	金

Au

富と権力、栄光のシンボル

【góuld】
発見：古代

エジプトのツタンカーメンの黄金マスクや、卑弥呼の金印など、金は昔から権力の象徴でした。中世ヨーロッパでは、金を鉄や銅からつくろうとする「錬金術」が大流行。金はできなかったけど、その研究の数々こそが現代化学の基盤になりました。熱伝導性、電気伝導性にすぐれ、電子材料としても活躍。金メダルや金貨なども、美しく腐食にしくいという金ならではの使われ方です。

融点	1064.43 ℃
沸点	2807 ℃
密度	19.32 g/cm^3

80	水銀 Mercury	200.6	6 12	汞

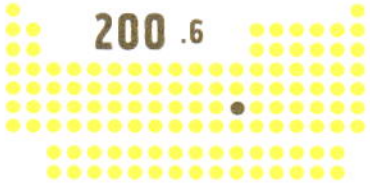

Hg

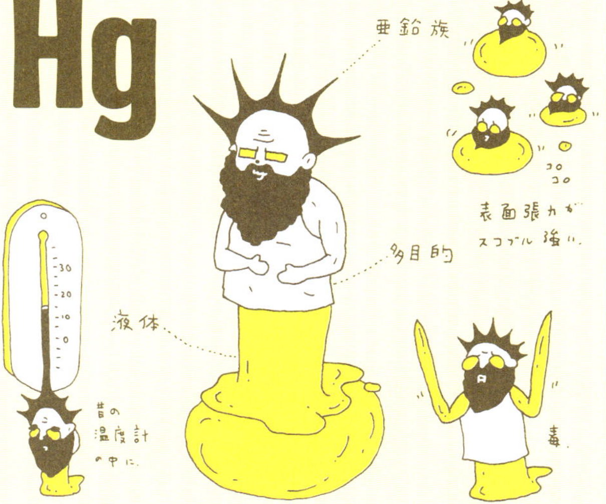

金属界のミュータント

【mə́ːrkjuri】

発見：古代

常温で液状そして揮発するのは、金属のなかで唯一、水銀だけ。いろんな金属と合わせてやわらかい合金（アマルガム）をつくれるので、メッキとして古くから愛用され、現在も温度計や水銀灯など幅広く活躍。一方で、1956年ごろ熊本県で発生した公害「水俣病」※の病因としても有名です。便利で使いやすいが、人を壊すおそるべき害にもなる。水銀はもろ刃の剣です。

融点	-38.87 ℃
沸点	356.58 ℃
密度	13.546 (液体、20℃) g/cm³

※水俣病……日本4大公害のひとつ。工場から海へ排出されたメチル水銀が魚介類を通して人体に蓄積し、脳の神経細胞を損傷した。

81	タリウム Thallium	204.4	6 / 13	鉈

Tl

心筋梗塞を見抜く意外性

【θæliəm】

発見：1861 年

「毒薬」としてヒ素とならび称される元素。致死量はわずか1グラム。アガサ・クリスティの小説『蒼ざめた馬』で使われたことでも有名。また、『毒殺日記』を書いたイギリスの殺人鬼グレアム・ヤングもタリウムを使用しています。最近はタリウムの放射線同位体を利用して、心筋の血流を調べるための薬剤として使われています。

融点	303.5 ℃
沸点	1457 ℃
密度	11.85 g/cm³

82	鉛 Lead	207.2	6 / 14	鉛

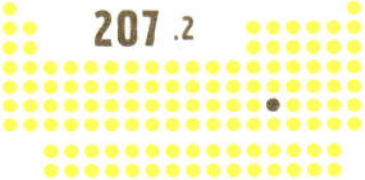

Pb

引退を控えた金属界の重鎮

【lí:d】

発見：古代

加工がしやすく、昔から生活のあちこちで活躍してきた元素です。古代ローマではすでに鉛製の水道管が使われていたとか。一方で、ローマ帝国は鉛中毒で滅んだという噂もあるほど毒性が強い。車のバッテリーに使う鉛蓄電池や、ハンダ、鏡など用途は広いですが、その毒性と、資源が枯渇しかけていることから、鉛を使わない「無鉛化」が世界的に進められています。

融点	327.50 ℃
沸点	1740 ℃
密度	11.35 g/cm^3

84 ポロニウム Polonium

【pəlóuniəm】

発見：1898 年

Po

天然元素一の破壊力！

钋

原子量	[210]
周期	6
族	16
融	254 ℃
沸	962 ℃
密	9.32 g/cm^3

キュリー夫妻がはじめて発見した天然の放射性元素。放射能はウランの約330倍。2006年にはロシアの元中佐に対する国家的暗殺疑惑で話題に。タバコの煙にも超極微量ながら含まれるらしい。

83 ビスマス Bismuth

【bízməθ】

発見：1753 年

Bi

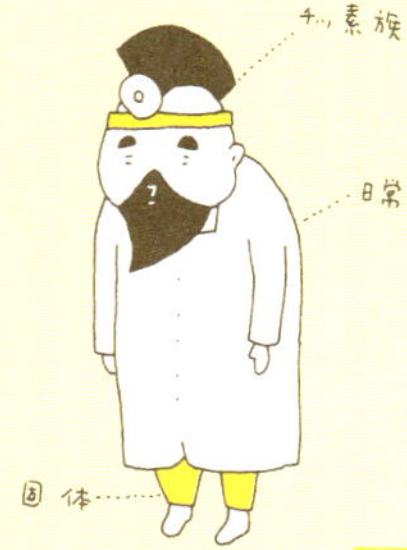

鉛を引き継ぐ律義な二代目

铋

原子量	209.0
周期	6
族	15
融	271.3 ℃
沸	1560 ℃
密	9.747 g/cm^3

合金に使われるほか、胃潰瘍を抑えたり、下痢止め薬になったりと医薬品として活躍するお役立ち元素。鉛と似た性質なため、近ごろは鉛の代替元素として、活躍範囲を広げています。

86 ラドン Radon

【réidan】
発見：1900 年

Rn

おふろ大好き おデブちゃん

氡

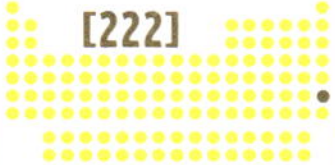

[222]

6 — 18

融	-71 ℃
沸	-61.8 ℃
密	0.00973 （気体、0°C）g/cm³

常温で気体の元素ではいちばん重い。鉱物に含まれるラドンが地下水に微量ずつ溶けだした温泉は「ラドン温泉」といって、日本各地にあります。健康への効能があるといわれています。

85 アスタチン Astatine

【æstətíːn】
発見：1940 年

At

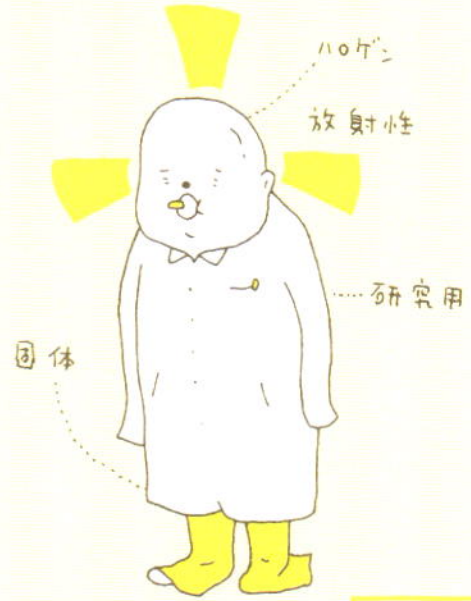

ハロゲン族の ラストサムライ

砹

[210]

6 — 17

融	302 ℃
沸	337 ℃
密	… g/cm³

天然に存在する元素のなかでいちばん微量で、人工で合成されています。寿命が短くすぐに崩壊してしまうため、性質などを調べるのが難しい。ハロゲン族で唯一放射性をもっています。

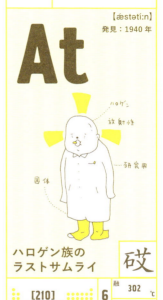

87
フランシウム
Francium
88
ラジウム
Radium
89
アクチニウム
Actinium
90
トリウム
Thorium
91
プロトアクチニウム
Protactinium
92
ウラン
Uranium
93
ネプツニウム
Neptunium
94
プルトニウム
Plutonium
95
アメリシウム
Americium
96
キュリウム
Curium
97
バークリウム
Berkelium
98
カリホルニウム
Californium
99
アインスタイニウム
Einsteinium
100
フェルミウム
Fermium
101
メンデレビウム
Mendelevium
102
ノーベリウム
Nobelium
103
ローレンシウム
Lawrencium
104
ラザホージウム
Rutherfordium
105
ドブニウム
Dubnium
106
シーボーギウム
Seaborgium
107
ボーリウム
Bohrium
108
ハッシウム
Hassium
109
マイトネリウム
Meitnerium
110
ダームスタチウム
Darmstadtium
111
レントゲニウム
Roentgenium
112
コペルニシウム
Copernicium
113
ウンウントリウム
Ununtrium
114
フレロビウム
Flerovium
115
ウンウンペンチウム
Ununpentium
116
リバモリウム
Livermorium
117
ウンウンセプチウム
Ununseptium
118
ウンウンオクチウム
Ununoctium

周期

PERIOD

7

原子番号

ATOMIC NUMBER

87→118

87 フランシウム Francium

【frænsiəm】

発見：1939 年

Fr

謎をかかえてはかなく散る

钫

[223]	7	融 27 ℃
	1	沸 677 ℃
		密 … g/cm³

天然に存在する放射性元素のなかでは最も短命で、最長でも約21分しか存在しません。常温で固体の金属と推定されますが、短命ゆえ実際に見ることができないのです。

88 ラジウム Radium

【réidiəm】

発見：1898 年

Ra

恩人の命も奪う悲しき宿命

鐳

[226]	7	融 700 ℃
	2	沸 1140 ℃
		密 約5 g/cm³

1898年にキュリー夫人が命とひきかえに発見した元素。彼女は、1911年にノーベル化学賞を受賞しましたが、ラジウムの放射能による白血病で亡くなりました。

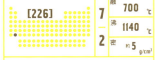

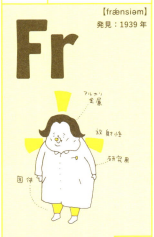

91 プロトアクチニウム Protactinium

Pa

鏷

歴史的科学者※
２人組が発見

231.0	7	融 1840 ℃
	—	沸 4030 ℃
	3	密 15.37 g/cm³

※ドイツのハーンとマイトナー

89 アクチニウム Actinium

Ac

錒

いちばん最初の
アクチノイド

[227]	7	融 1047 ℃
	—	沸 3197 ℃
	3	密 10.06 g/cm³

92 ウラン Uranium

U

铀

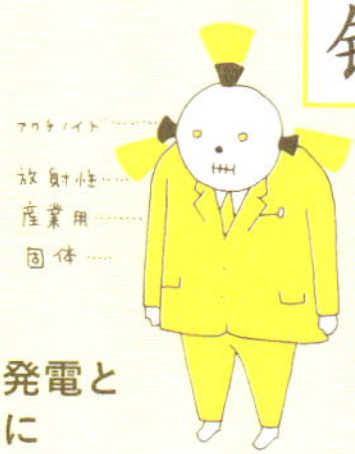

原子力発電と
核兵器に

238.0	7	融 1132.3 ℃
	—	沸 3745 ℃
	3	密 18.95 g/cm³

90 トリウム Thorium

Th

钍

未来の核燃料
として期待

232.0	7	融 1750 ℃
	—	沸 4787 ℃
	3	密 11.72 g/cm³

95 アメリシウム Americium

Am

鋂

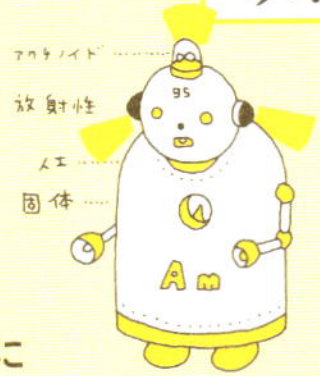

煙感知式の
火災報知器に

[243]	7 — 3
融	1172 ℃
沸	2607 ℃
密	13.67 g/cm³

93 ネプツニウム Neptunium

Np

鎿

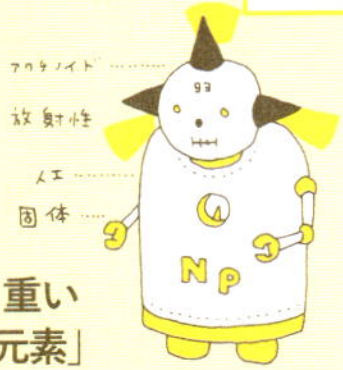

ウランより重い
「超ウラン元素」

[237]	7 — 3
融	640 ℃
沸	3902 ℃
密	20.25 g/cm³

96 キュリウム Curium

Cm

鋦

キュリー夫妻に
ちなんで命名

[247]	7 — 3
融	1337 ℃
沸	3110 ℃
密	13.3 g/cm³

94 プルトニウム Plutonium

Pu

钚

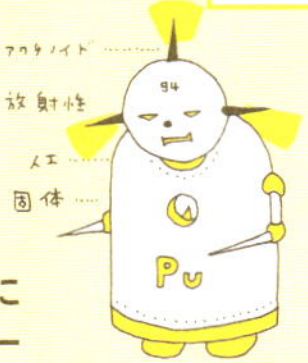

兵器に発電に
核エネルギー

[239]	7 — 3
融	641 ℃
沸	3232 ℃
密	19.84 (25℃) g/cm³

99 アインスタイニウム Einsteinium

Es

鑀

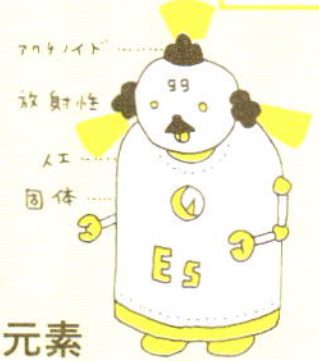

水爆実験で
見つかった元素

[252]

7 — 3

融	860	℃
沸	…	℃
密	…	g/cm³

97 バークリウム Berkelium

Bk

锫

カリフォルニア
大学バークレー校
でつくられた

[247]

7 — 3

融	1047	℃
沸	…	℃
密	14.79	g/cm³

100 フェルミウム Fermium

Fm

镄

原子炉の開発者
フェルミから命名

[257]

7 — 3

融	…	℃
沸	…	℃
密	…	g/cm³

98 カリホルニウム Californium

Cf

锎

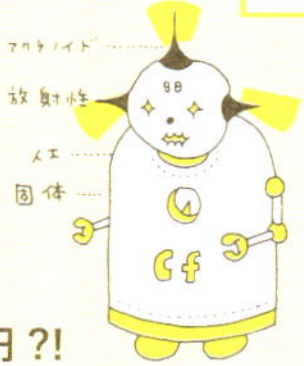

超高価！
１グラム
約１千億円 ?!

[252]

7 — 3

融	897	℃
沸	…	℃
密	15.1	g/cm³

103 ローレンシウム
Lawrencium

Lr

铹

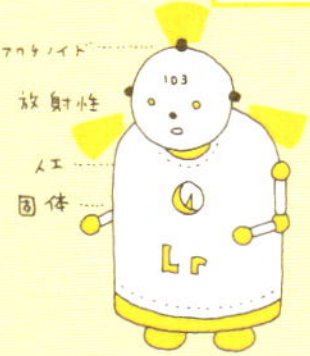

物理学者
ローレンス
から命名

[262]

7 — 3

融 … ℃

沸 … ℃

密 … g/cm³

101 メンデレビウム
Mendelevium

Md

钔

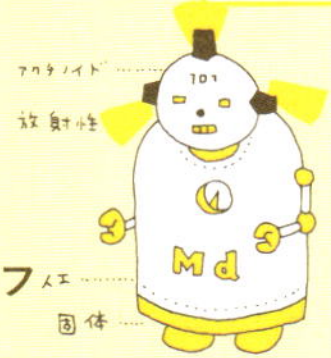

周期表の
生みの親
メンデレーエフ
から命名

[258]

7 — 3

融 … ℃

沸 … ℃

密 … g/cm³

104 ラザホージウム
Rutherfordium

Rf

𬬻

原子構造の
発見者
ラザフォード
から命名

[267]

7 — 4

融 … ℃

沸 … ℃

密 23 g/cm³

102 ノーベリウム
Nobelium

No

锘

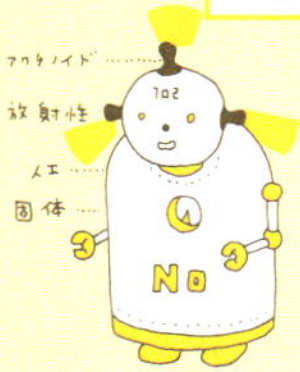

栄誉ある
ノーベルの
名前から

[259]

7 — 3

融 … ℃

沸 … ℃

密 … g/cm³

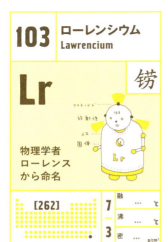

107 ボーリウム Bohrium

Bh 𬭛

デンマークの物理学者ボーアから命名

[272]

7	融	… ℃
—	沸	… ℃
7	密	37 g/cm³

105 ドブニウム Dubnium

Db 𬭊

ロシアの原子核研究所の所在地ドブナから

[268]

7	融	… ℃
—	沸	… ℃
5	密	29 g/cm³

108 ハッシウム Hassium

Hs 𬭶

発祥の地ドイツ・ヘッセン州から

[277]

7	融	… ℃
—	沸	… ℃
8	密	41 g/cm³

106 シーボーギウム Seaborgium

Sg 𬭳

９つの元素を合成したシーボーグから命名

[271]

7	融	… ℃
—	沸	… ℃
6	密	35 g/cm³

111 レントゲニウム Roentgenium

Rg

𬬭

X線を発見した
物理学者
レントゲンから

[280]

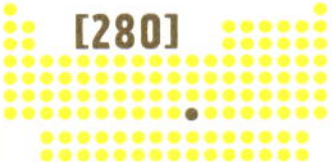

7 — 11

融 … ℃
沸 … ℃
密 … g/cm³

109 マイトネリウム Meitnerium

Mt

鿏

オーストリアの
女性物理学者
マイトナーから

[276]

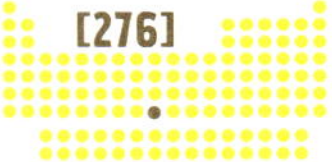

7 — 9

融 … ℃
沸 … ℃
密 … g/cm³

112 コペルニシウム Copernicium

New! 2010

Cn

地動説を唱えた
天文学者
コペルニクスから

285

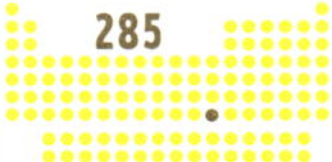

7 — 12

融 … ℃
沸 … ℃
密 … g/cm³

110 ダームスタチウム Darmstadtium

Ds

𫟼

発祥の地ドイツの
ダルムシュタット
から

[281]

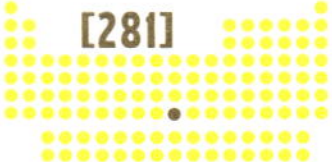

7 — 10

融 … ℃
沸 … ℃
密 … g/cm³

New! 2012

116 リバモリウム Livermorium

Lv

293

研究用　発見：2000 年

7 | 16

113 ウンウントリウム Ununtrium

Uut

284

研究用　発見：2004 年

7 | 13

117 ウンウンセプチウム Ununseptium

Uus

研究用　発見：2010 年

7 | 17

New! 2012

114 フレロビウム Flerovium

Fl

289

研究用　発見：1998 年

7 | 14

118 ウンウンオクチウム Ununoctium

Uuo

294

研究用　発見：2003 年

7 | 18

115 ウンウンペンチウム Ununpentium

Uup

288

研究用　発見：2003 年

7 | 15

元素の値段ランキング

試薬として販売されている元素の値段のトップ5。
元素によっていろんな形状なので、一概に
比較はできませんが、1gあたりのランキングは
こんな感じ。ウランやプルトニウムなど
特殊な元素は値段がつけられません。
こう見ると金やプラチナは、
案外安い。

1

Sc
スカンジウム
108900 円
粉末 1 g

2

Eu
ユウロピウム
102200 円
粉末 99.9% 1 g

3

Rh
ロジウム
93600 円
粉末 99.8% 1 g

4

Lu
ルテチウム
88500 円
粉末 99.9% 1 g

5

Cs
セシウム
40800 円
アンプル封入、99.9% 1 g

ちなみに貴金属相場では…

金	5147 円
白金	5091 円
銀	73.2 円

※すべて 1 g の値段

※ 2015 年 2 月時点の試薬カタログの値段による
和光純薬工業（株）
http://www.siyaku.com

人間の原価

人間はいくらなのか？
人体を構成している元素をもとに、
換算して値段をだしてみました。
体重60 kgの人で考えると、
結果は「1万3000円」。
この原価にどんな付加価値を
つけるかは自分次第ですね。

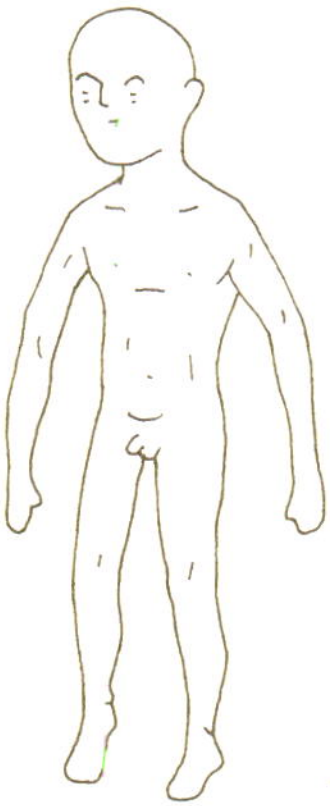

亜鉛	0.5円	0.12 gを実験用薬品亜鉛で換算
鉄	14円	3 gをクギで換算
ナトリウムと塩素	20円	180 gを食塩で換算
硫黄	288円	120 gを実験用薬品硫黄で換算
リン	300円	600 gをリン酸肥料で換算
カリウム	605円	240 gをカリウム肥料で換算
窒素	774円	1800 gを窒素肥料で換算
炭素	896円	10800 gをバーベキュー用炭で換算
カルシウム	1766円	900 gを実験用炭酸カルシウムで換算
酸素と水素	3980円	45000 gを水で換算
マグネシウム	4200円	30 gを実験用薬品マグネシウムで換算

＋ その他

＝ ほぼ 13000円

仲間の元素

118個もある元素ですが、
とくに性質が似ていたり、
いくつかが補い合ってパワーを
発揮する組合せがいくつかあります。
元素にも、
人間関係が得意なのと
苦手なのがいるという
ことかもしれません。

Na K Rb Cs

アルカリ爆発四天王

平和そうなこの４人、単体で水に入れると豹変！　水と激しく反応して大爆発します。ゆえに彼らはふだん、石油中で保存されるそう。破壊力の格付けは、一番下がナトリウム→カリウム→ルビジウム→セシウムが最強。

Au Ag Cu

富と栄光の三賢人

金、銀、銅の３人組は、埋蔵量が多く、加工しやすく、変質しにくいという三拍子そろった金属。この性質ゆえ、世界各国で古くから現在まで貨幣の材料に活躍。栄光を象徴するオリンピックなどのメダルとしてもおなじみです。

Si　Ge　Sn

デジタル半導体トリオ

ケイ素、ゲルマニウム、スズの３つは、半導体の素材の代表格。エレクトロニクスの基盤として、技術立国日本の発展を支えてきたエリート中のエリート組です。パソコンなどデジタル機器を使うときは彼らに感謝を。

Nd　Sm

世界最強磁石タッグ

ネオジムとサマリウムは、永久磁石の材料として世界一を争うライバル同士。現在世界最強の磁力をもつのはネオジム磁石ですが、サマリウム系磁石はネオジム磁石より熱に強く耐食性があり、多くの用途をもっています。

Ca　Sr　Ba

カスバの三兄弟

元素のなかには性質のよく似たものが３つほぼ等間隔の原子量で並んでいることがあり、これは「三つ組元素」と呼ばれています。カルシウム、ストロンチウム、バリウムもそのひとつで、頭文字をとって「カスバ」。

＊カスバは、美しい町並みと曲がりくねった路地のあるアルジェリアの海辺の街。世界遺産。

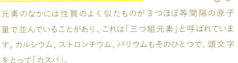

事件な元素

単体ではとくに害のない元素なのに、
組み合わせると、想像を絶する力を
もつことがあります。
そこで、ここ数年に世間を
騒がせた物質を例にとって、
その元素メンバーを
見てみましょう。

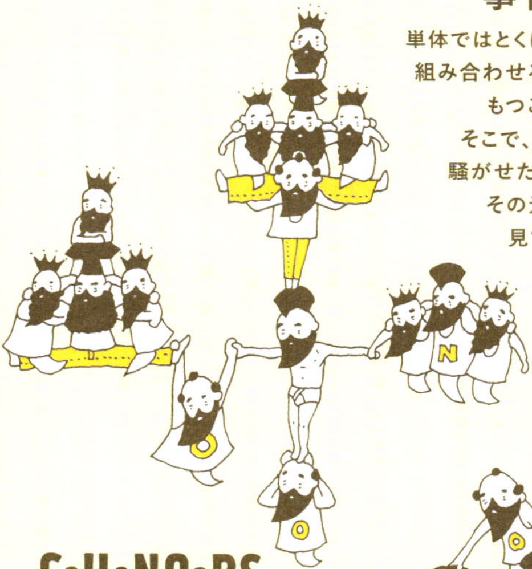

$C_2H_8NO_2PS$

メタミドホス

中国からの輸入食材に残留した農薬の成分として日本で一躍話題になった物質。多種の元素がかかわっています。

As_2O_3 (As_4O_6)

亜ヒ酸

「三酸化二ヒ素」とも呼ばれ、ナポレオンの暗殺に使われたり、最近では和歌山県で起こった某事件で話題に。

$C_4H_{10}O_2FP$

サリン

化学式だけ見ると、水素や酸素などおなじみの元素が並ぶのに、恐るべき破壊力をもつ神経ガスになります。

HCHO

ホルムアルデヒド

建物内の空気汚染などが体に害を及ぼす「シックハウス症候群」の原因のひとつにあげられる物質です。

KCN

青酸カリ

正式名は「シアン化カリウム」。あっけないほどシンプルなこの組合せが、歴史的な毒薬の正体なのです。

撤収!!
お 終わった
……
オツカレサマで…ア!!
パタ…!

4

HOW TO EAT ELEMENTS
元素の食べ方

私たちのカラダも元素からできています。
カラダをつくっている元素はおよそ34種類。
ここまで紹介してきた元素のうちの、3分の1以上が、実はカラダの中にあります。
元素を、なんとなく外の世界のものとして考えてきましたが、実は
自分自身が、元素の宝庫。

そのラインナップを見ると、ストロンチウムだのモリブデンだの
自分には関係ないと思っていた元素がたくさん含まれています。
驚いたことに、ヒ素もカラダの元素。
ヒ素といったら毒カレー事件でおなじみの猛毒の代名詞です。
他にも、カドミウム、ベリリウム、ラジウムなど、
あまりなじみのないたくさんの元素がカラダの中にあるのです。
こういった元素はカラダの中でつくられるわけではありません。
何らかのカタチで、自分が食べた元素です。

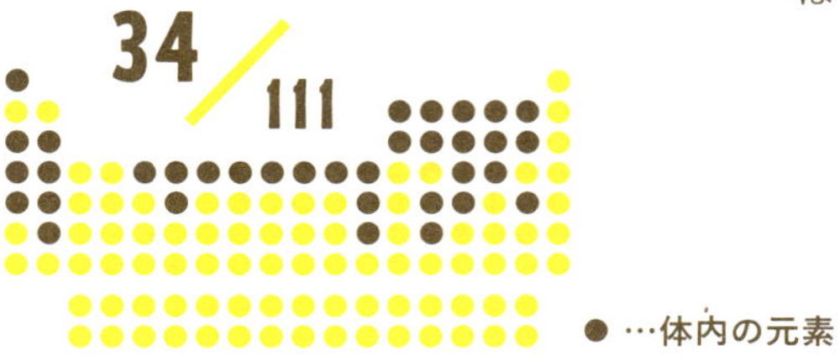

カラダの中の元素

H
水素
B
ホウ素
C
炭素
N
窒素
O
酸素
F
フッ素
Na
ナトリウム
Mg
マグネシウム
Al
アルミニウム
Si
ケイ素
P
リン
S
硫黄
Cl
塩素
K
カリウム
Ca
カルシウム
V
バナジウム
Cr
クロム
Mn
マンガン
Fe
鉄
Co
コバルト
Ni
ニッケル
Cu
銅
Zn
亜鉛
As
ヒ素
Se
セレン
Rb
ルビジウム
Sr
ストロンチウム
Mo
モリブデン
Cd
カドミウム
Sn
スズ
I
ヨウ素
Ba
バリウム
Hg
水銀
Pb
鉛

標準的な人間のカラダでは、65％は酸素。18％が炭素。10％が水素です。

あれ？　ほとんど100％じゃん。

実は、34種類の元素のうちの28種類は、それぞれ1％にも満たないのです。
でも、量が少ないからといって、価値がないわけではなく、むしろその逆です。
99.9％の元素がそろっていても、
0.1％の元素がないだけで死んでしまうこともある。
このような、量は少ないけれど、カラダにとって大切な元素を、
「微量元素」といいます。そのほとんどは金属元素で、
とくに重要な元素を「生体金属元素」といいます。

通称「ミネラル」。

ミネラルは薬などの化合物ではありません。
人類、ひいては生物が生きるうえで、絶対に必要な元素なのです。

↓ 多量元素

★ リン

1.0 %

★ カルシウム

1.5 %

窒素

3.0 %

水素

10 %

炭素

18 %

酸素

65 %

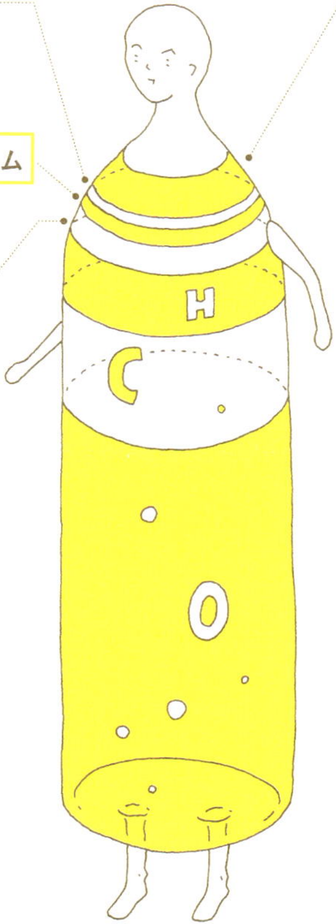

その他

1.5 %

↓ 少量元素

★ 硫黄
★ カリウム
★ ナトリウム
★ 塩素
★ マグネシウム

↓ 微量元素

★ 鉄
★ フッ素
ケイ素
★ 亜鉛
ストロンチウム
ルビジウム
鉛
★ マンガン
★ 銅

↓ 超微量元素

アルミニウム
カドミウム
スズ
バリウム
水銀
★ セレン
★ ヨウ素
★ モリブデン
ニッケル
ホウ素
★ クロム
ヒ素
★ コバルト
バナジウム

★＝ミネラル

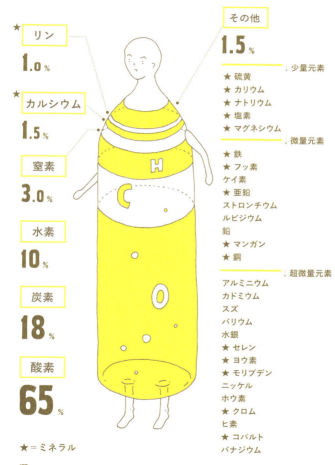

現在、17種類の元素がミネラルとして認められています。
ミネラルが起点になって、さまざまな元素を的確に結びつけたり、
さまざまな反応をコントロールしたりしています。

いわば、カラダの中の司令塔。

オーケストラでいえば指揮者。飛行場でいえば管制官。
会社でいえば社長。それがミネラルです。
鉄が不足すると貧血になり、カルシウムが不足するとイライラしてくる。
司令塔がいなくなると、カラダがうまく機能しなくなるのです。

だからといって、多ければいいというものでもない。

ミネラルは少しでよいのです。
リーダーが多すぎると、かえってうまくいきません。
この章では、17種類のミネラルの働きを紹介しながら、
ミネラルをバランスよく食べるための、食べ物をご紹介しましょう。

ミネラルが指揮者

Na

ナトリウム

含まれる食べもの

欠乏すると…

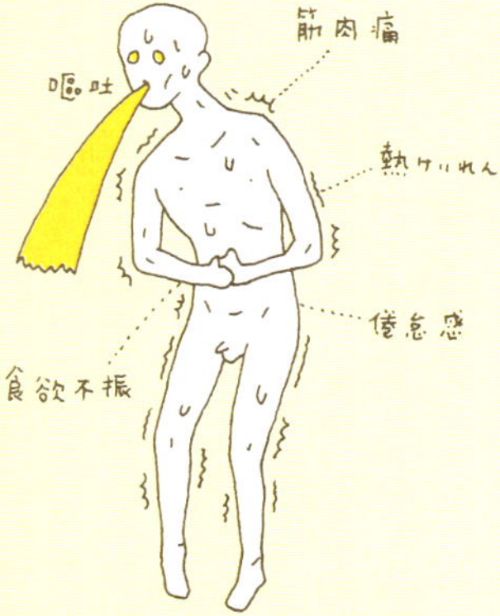

摂りすぎると…

高血圧、胃がんの発生、口渇、高体温など。

生命をキープする最重要ミネラル

おもに食塩（塩化ナトリウム）から摂取している。現代の食生活はすでに過剰摂取ぎみなので、「塩分ひかえめ」の心得が鉄則。ただ、大量に汗をかいたり下痢が続くと、水分とともに排出されて不足に陥るので、水だけでなく塩分も摂ろう。

推定平均必要量
（一日あたり）

600 mg

Mg

マグネシウム

含まれる食べもの

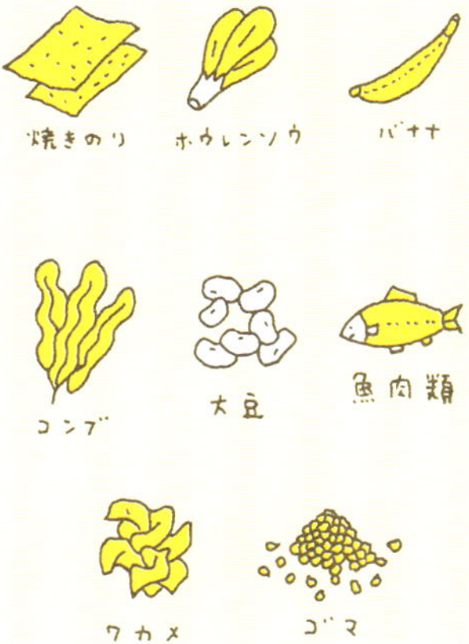

欠乏すると…

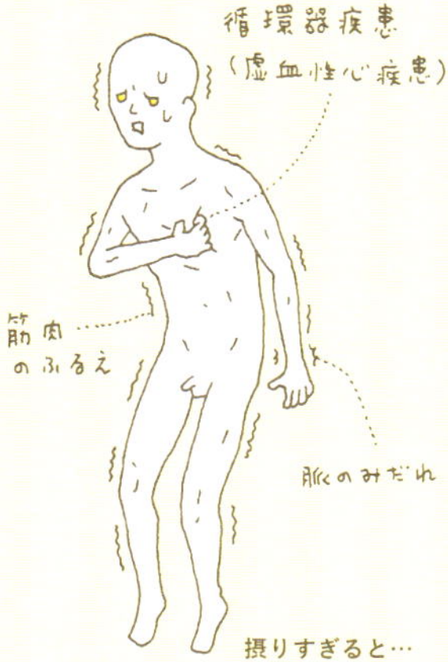

摂りすぎると…

軟便、下痢、低血圧など。腎臓に疾患がある人は注意。

**身体をつくる！
肉体派元素**

骨や筋肉のなかにいて、メインの役割は骨の成長、脳と甲状腺機能の維持など。体内のさまざまな酵素を活性化させたりもする。慢性アルコール中毒の人がアルコールを大量に摂取すると、尿と一緒に流れでてしまうのでお酒好きは注意です。

推奨量
（一日あたり）

男性
320 – 370 mg

女性
260 – 290 mg

K

カリウム

含まれる食べもの

欠乏すると…

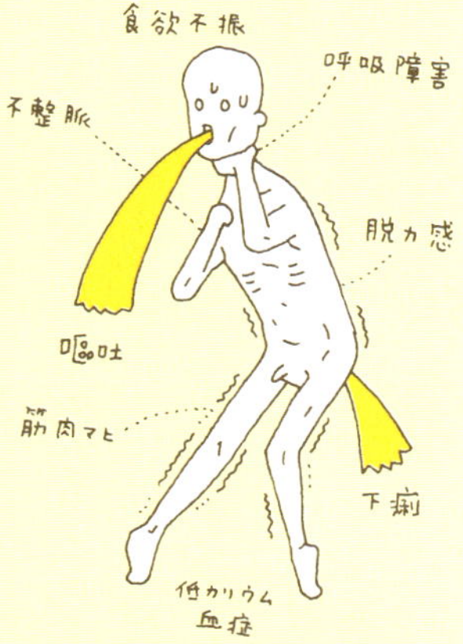

摂りすぎると…

高カリウム血症、副腎皮質機能不全、尿毒症、尿路閉塞など

多種多様な効用をもつマルチプレーヤー

タンパク質の合成や、細胞の内と外での水分調整、さまざまな信号伝達など、身体のなかで東奔西走している元素。摂りすぎたぶんは腎臓から排出されるが、腎臓に疾患があると過剰状態になって、高カリウム血症などを引き起こします。

摂取目安量
（一日あたり）

男性
2500 mg
女性
2000 mg

Ca

カルシウム

含まれる食べもの

欠乏すると…

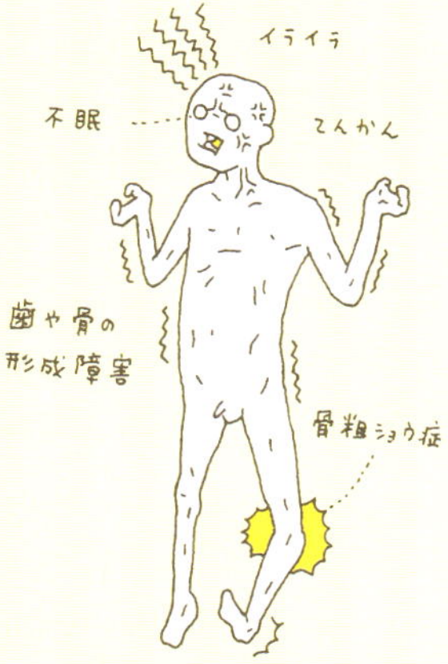

摂りすぎると…

幻覚、脱力、泌尿器系結石、他のミネラルの吸収阻害、高カルシウム血症など

強い骨をつくる実直な大黒柱

骨や歯をつくるのに不可欠な元素としておなじみだが、細かな効果もたくさんある。マグネシウムとタッグを組んで働くことが多いので、同時に摂取すると健康効果がアップ。また、ビタミンDと一緒に摂ると体内に吸収されやすくなる。

推奨量
（一日あたり）

男性
650－800 mg

女性
600－650 mg

P

リン

含まれる食べもの

欠乏すると…

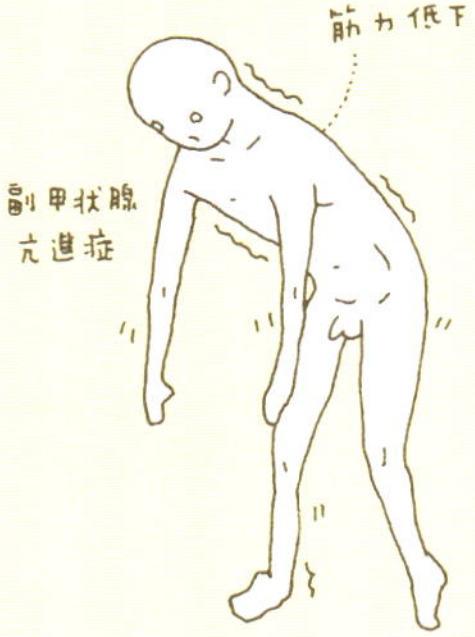

摂りすぎると…

カルシウムの吸収障害、副甲状腺機能亢進症、腎機能低下

DNAをつくる頭脳派元素

マッチの発火剤としても知られるリン。体内では、遺伝情報を担うＤＮＡをはじめ、細胞膜や神経組織にも含まれている。ハムなどの加工食品の添加物や、飲料の保存料に使われていて、現代人は、摂りすぎの心配が指摘されています。

摂取目安量
（一日あたり）

男性
1000 mg
女性
900 mg

Zn

亜鉛

含まれる食べもの

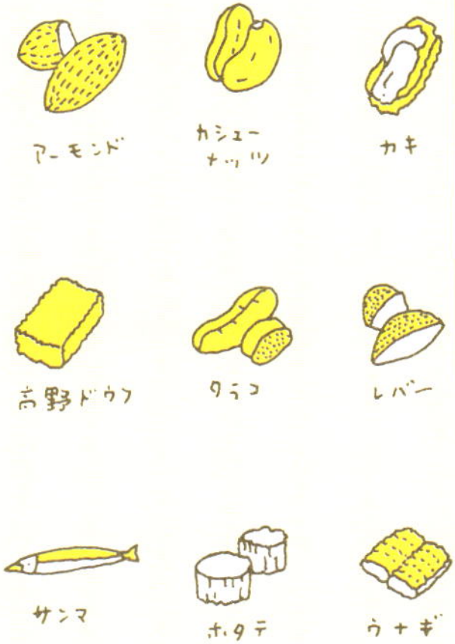

欠乏すると…

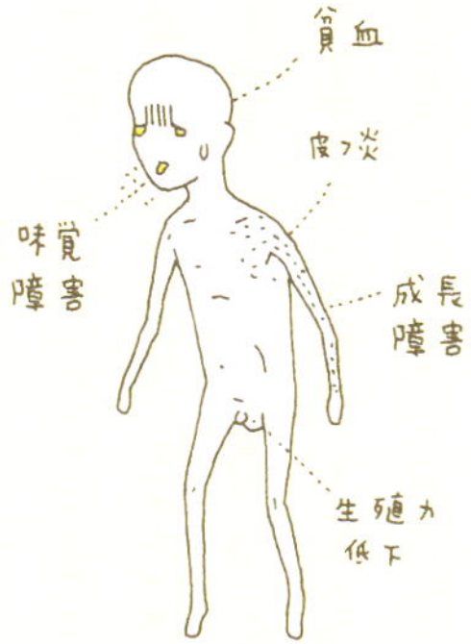

摂りすぎると…

胃腸の刺激、低血圧、乏尿、貧血、すい臓の異常、LDLの増加、HDLの低下、免疫機能の低下、頭痛、吐き気、腹痛、下痢

「育つ」を支えるお母さん元素

遺伝情報を正しく伝えたり発現させるために必要。タンパク質を合成するのにもかかわっています。育ちざかりに欠乏すると、第二次性徴（女らしさや男らしさが現れる）がとどこおったり、その後の人生を大きく左右してしまう結果に！

推奨量
（一日あたり）

男性
11 – 12 mg

女性
9 mg

Cr

クロム

含まれる食べもの

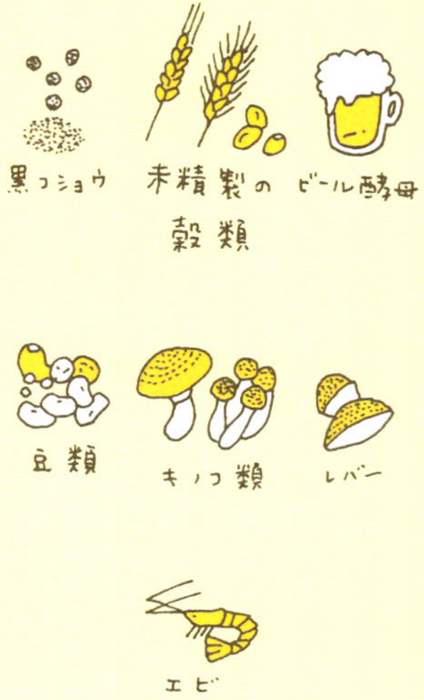

欠乏すると…

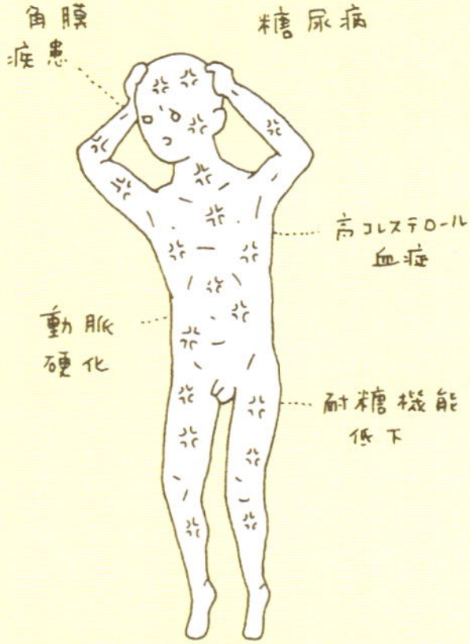

摂りすぎると…

胃腸障害、中枢神経障害、肝・腎障害、成長障害、肺がんの発生など

糖尿病を防ぐ血糖値の守り神

食品中のクロムはほとんどが3価クロムというもので、糖やコレステロール、タンパク質の代謝に欠かせないミネラル。欠乏すると、糖尿病や高コレステロール血症に直結してしまう。摂取量はごく微量で、ふだんの食事でこと足りる程度です。

推奨量
（一日あたり）

男性
35 – 40 µg

女性
25 – 30 µg

Se

セレン

含まれる食べもの

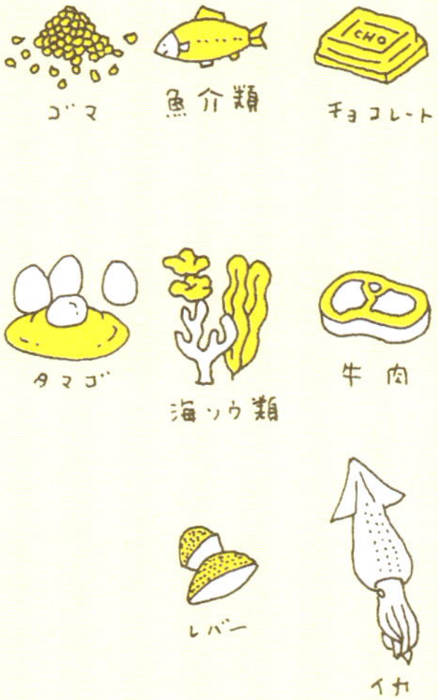

欠乏すると…

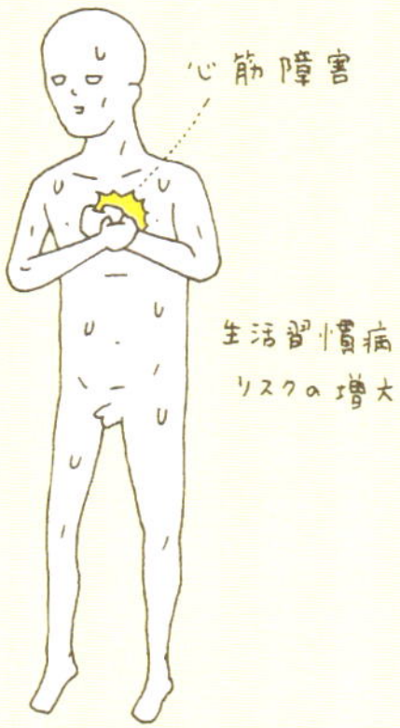

摂りすぎると…

疲労感、焦燥感、悪心、腹痛、下痢、末梢神経障害、肝硬変、肌荒れ、脱毛、胃腸障害、嘔吐、爪の変形など

若々しい人生を応援するサポーター

抗酸化作用や免疫にかかわっていて、不足すると生活習慣病のリスクがアップ！ 摂りすぎると毒性が現れ、爪が変形したり、脱毛することもある。ビタミンE（アーモンドなどのナッツ類に多く含まれる）などと一緒に摂ると効果的。

推奨量
（一日あたり）

男性
30 μg
女性
25 μg

Mo

モリブデン

含まれる食べもの

欠乏すると…

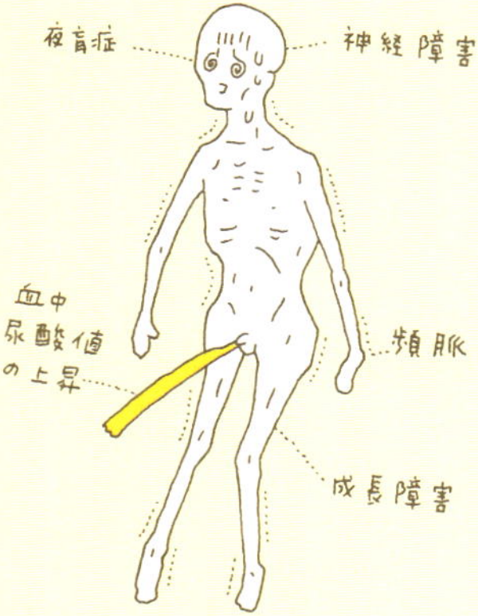

摂りすぎると…

成長障害、神経症状、痛風、貧血

酵素をサポート！カラダの整備士

おもに体内の酵素の働きにかかわるほか、鉄分の働きを高めて貧血を防ぐ働きも。必要量は微量で、ふつうの食生活で不足の心配はなし。とくに多く含まれるのが牛乳！1リットルあたり25～75 mgもあるそうです。

推奨量
（一日あたり）

男性
25－30 μg

女性
20－25 μg

Fe

鉄

含まれる食べもの

欠乏すると…

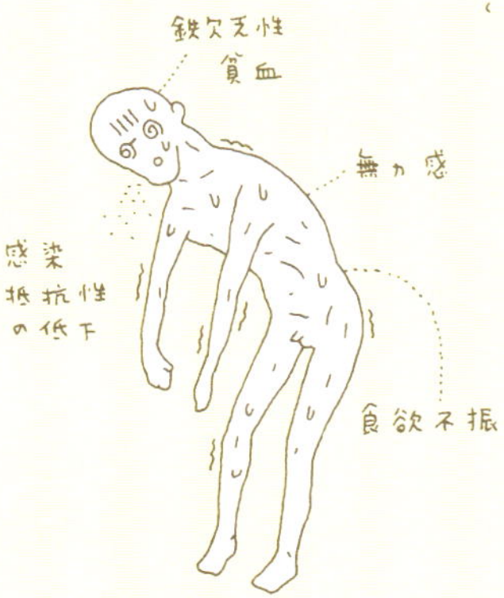

摂りすぎると…

鉄沈着症、嘔吐、下痢、ショック症状、胃腸障害（便秘、吐き気、嘔吐）、眼球鉄症など

毎日の体調を支えるミネラルのリーダー

古代ギリシャ時代から人体との関係が知られていて、体内の鉄の約65%は血液中にある。不足しがちなミネラルで、ビタミンCと一緒に摂ると吸収されやすいが、逆に緑茶やコーヒー（タンニンを含む）を飲むと吸収されにくくなる。

推奨量
（一日あたり）

男性
7.0 – 7.5 mg

女性
6.0 – 11.0 mg

I

ヨウ素

含まれる食べもの

海ソウ類

魚肉類

欠乏すると…

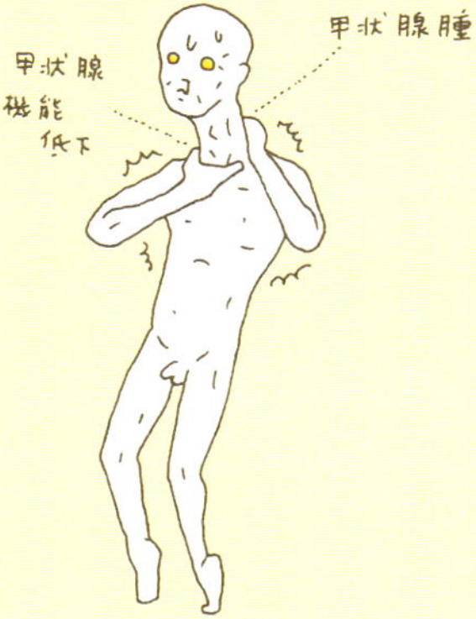

摂りすぎると…

甲状腺腫、甲状腺機能亢進症の悪化など

“生命力”をつくるパワーポンプ

代謝や自律神経をコントロールしている甲状腺ホルモンを構成する重要な元素で、食欲やメンタル、体力など体調全般に響くミネラル。海産物に多く含まれるので、島国日本はヨウ素天国。アメリカなどの大陸内部では不足がちだそう。

推奨量
（一日あたり）

130 μg

Cu

銅

含まれる食べもの

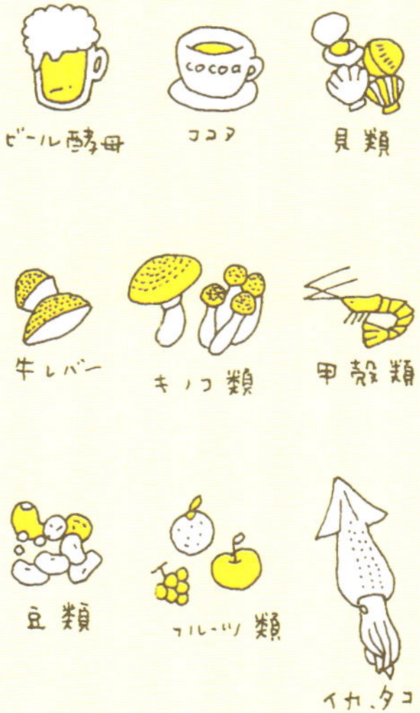

欠乏すると…

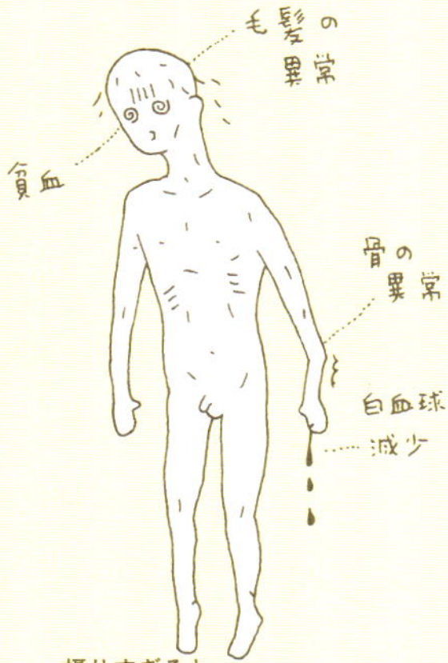

摂りすぎると…

肝硬変、下痢、吐き気、運動障害、知覚神経障害、溶血性黄疸、胃腸症状、低血圧、血尿、無尿など

心筋梗塞を防ぐ！長寿命のキーパーソン？

あまりミネラルというイメージが定着していないけど、成人の体には約100 mg含まれ、脳、肝臓、腎臓、血液などに存在している。心筋梗塞や動脈硬化を予防する効果があるのも確認されている。中高年はとくに魚介類をたくさん食べよう。

推奨量
（一日あたり）

男性
0.8 – 0.9 mg
女性
0.7 mg

Mn

マンガン

含まれる食べもの

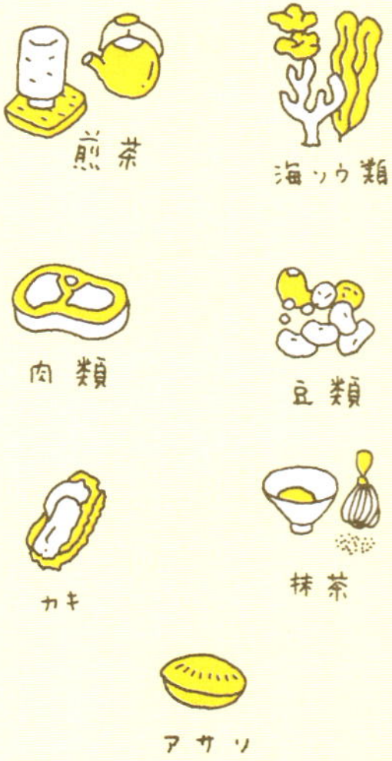

欠乏すると…

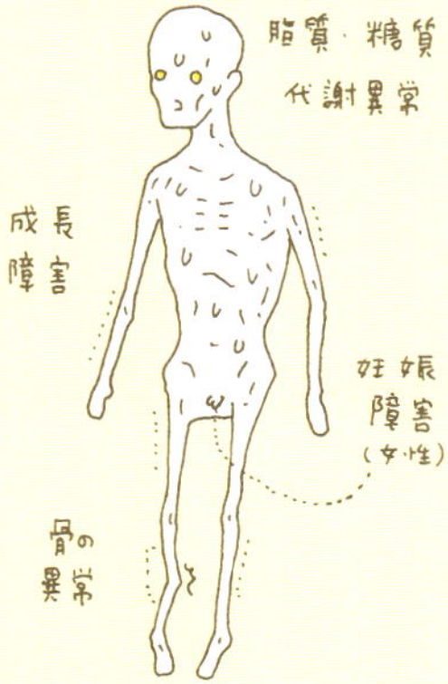

摂りすぎると…

低血圧、神経症、頭痛、倦怠感、運動機能障害、言語障害、パーキンソン様症候群など

要所をおさえる隠れた名脇役

体重 70 kg の成人の体には約 12 mg 含まれ、妊娠や成長、運動機能などさまざまな部分にかかわる。ラットの実験では、不足するとオスの睾丸が萎縮するのだとか。ちょっとコワイけど、ふつうの食生活なら欠乏にも過剰にもなりにくい。

摂取目安量
（一日あたり）

男性
4.0 mg
女性
3.5 mg

S

硫黄
Sulfur

タマゴ

肉類

体内でタンパク質を構成するアミノ酸に含まれ、さまざまな体内組織、皮膚、爪、毛髪などを健康に保つ。欠乏すると代謝が悪くなり、皮膚炎などの原因に。たまご、肉、魚などに多く含まれる。

摂取目安量
（一日あたり）

男性
10－12 mg
女性
9－10 mg

Cl

塩素
Chlorine

しょうゆ

みそ

胃から分泌される塩酸（胃酸）の成分になり、消化に大切。不足すると消化不良などになるが、食塩で摂れるので不足することはまずない。摂りすぎても、汗や尿とともに排出されるので心配なし。

摂取目安量
（一日あたり）

とくになし

F

フッ素
Fluorine

煎茶

魚肉類

体内で、骨や歯を正常に保つのを助ける。フッ化ナトリウムは虫歯予防の効果があるので、水道水に微量添加する試みも。海産物や緑茶の茶葉に多く含まれるので、日本では不足の心配はあまりない。

摂取目安量
（一日あたり）

とくになし

Co

コバルト
Cobalt

肉類

カキ

ビタミンB_{12}に含まれる元素で、魚介類や肉類など動物性タンパク質を摂っていれば不足の心配はない。不足すると、鉄分をしっかり摂っているときでさえ貧血になってしまう、地味ながら重要な元素。

摂取目安量
（一日あたり）

とくになし

サラダ

Ca K Fe Zn Mg Mn P

フルーツヨーグルト

ヨーグルト

Ca Mo K Mg P I Co Na

フルーツ

K Mg Cu Zn P

パン

P K Fe Na Cl Ca Mn

バター

Ca Mg Na K Co P Se Cu

コーンスープ

Ca Fe K Na P Zn Cu

ベーコンエッグ

ベーコン

P Cl Mg Na K S

黒胡椒

Cr K

たまご

Se Fe Ca P Cr S Zn Co K

コーヒー

K

洋食の朝ごはん

EUROPEAN AND AMERICAN BREAKFAST

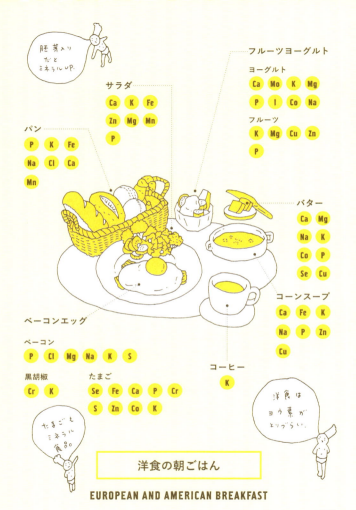

朝ごはんの元素たち

ELEMENTS IN BREAKFAST

※C、H、O、N 以外のミネラルを示しました。

たくあん
K Cl Na Mg

しょう油
Cl Na K

わかめと豆腐のみそ汁

わかめ
Na Mg Ca P Fe Se I Mn F

豆腐
Mg Na Ca P Mo Mn Fe Zn

みそ
K Na Cl Mg P Cr Fe Zn

みかん
Cu Mg K Ca P

煎茶
Se Mn F P

いわし
Ca K P Co Fe Mg Se I Cr S Mn Zn S F Mo Na

ごはん
Ca Fe Mg K Zn P Mo Mn

海苔
Mg I Ca P Se Mn Na Co Zn

和食の朝ごはん

JAPANESE BREAKFAST

過労ですね.

5

THE ELEMENTS CRISIS

元素危機

ここまでいろいろな元素を見てきましたが、ゲルマニウムのように、昔は大活躍していたのに今ではさっぱりな元素もあれば、インジウムのように最近になって大活躍するようになった元素もあります。

人気がありすぎて問題になっている元素がある。

ひと昔前は電池といえばニッケル電池でしたが、今は、ほとんどリチウム電池です。ニッケルがあまりにも人気があるために、値段が跳ね上がってしまったのです。液晶テレビを支えているインジウムの値段も年々上がり続けています。先端技術を支える元素の中で、産出量が少なかったり、取りだすのに非常に手間がかかる金属元素を「レアメタル」といいます。

日本に今あるレアメタルはほとんど外国産。

もともと日本はそういった資源が豊富な国ではありません。レアメタルも、そのほとんどを外国に頼っているために、万が一輸入がストップするとたいへんなことになるのです。

おもなレアメタル

タングステンがないと、モノをつくるための工具がつくれません。
ニッケルやモリブデンがないと、ステンレス製品がつくれなくなります。
ガリウムなどがなくなると、半導体がつくれません。
つまりコンピュータも携帯電話もつくれない。
たった数種類の元素が、日本の経済や生活を左右してしまうのです。

元素危機が起ころうとしている。

レアメタルは、日本だけでなく世界中で人気が高まり続けています。
そのために値段が上がりすぎてしまったり、場合によっては、
国内でレアメタルが手に入らなくなる危険がでてきているのです。
元素危機は、石油危機と同じぐらい重大です。
そういう場合に備えて、国をあげて、いくつかのレアメタルを備蓄したり、
レアメタルを使わずに別の元素で代用する研究が進んでいます。
でも、ほんとうに元素危機が起こったらとても追いつきません。
これは、国際問題も含んだ現在進行中の大問題なのです。

タングステンがないと
超硬工具がつくれない。
何もつくれない。
製造業が
ダメになってしまう。
お手上げ
LSI
ガリウムなどがなくなると
半導体がつくれない。
コンピュータなど
ハイテク機器が
つくれない。
リチウムがないと
電池がつくれない。
ステンレスなしの
くらしなんて
ありえない
インジウムがないと
液晶モニターがつくれない。
モリブデンやニッケル
がないとステンレス
製品がつくれない。

今では携帯電話をふくめ、家電のリサイクルが進んでいます。
そのリサイクルは、単なるモノを大切にしようという気持ちの問題ではありません。
そこで使われているレアメタルを再利用しなければ、ものによっては本当になくなってしまうかもしれないのです。

元素はつくれない。

元素がないならつくればいいじゃないか。
水素をいじって、ヘリウムにしたりできそうなものです。
電子と陽子を1個、ちゃちゃっと追加すればいいのです。

それができれば、元素ではない。

元素をつくりかえるには、核反応や莫大なエネルギーが必要です。
核反応は放射能がでたり、放射性物質ができたりしてきわめて危険。
元素は簡単につくったり変えたりできないから元素なのです。

※ありそうだけどない風景。

現代の生活は、元素の知識やそれを応用する技術によって支えられています。
周囲を見ても、そんなに元素が重要なものには見えないかもしれません。
逆にいえば、それだけ一番根本的な部分を元素が担っているということなのです。

未来はみんなが科学者になる時代。

低炭素社会というような言葉を耳にするようになりました。
環境問題も元素レベルで話をしなければならなくなってきたのかもしれません。
大気中のCO_2が増えている問題も、元素レベルで見るなら、
地底に眠っていた炭素を人間がどんどん大気中に放出したことが原因なのです。
レアメタルを知っていて、きちんとリサイクルしたり、
自分がどういうふうに元素を変換しているのか意識する。
そういった科学者の眼が、今まで以上に必要になっています。

みんながすこしずつ科学者になって、元素レベルで自分の生活を考える。
ぜひ、そんな元素生活をおくってみてください。

UNIVERSE
OUR LIFE
ELEMENT

あいうえお索引（3章）

参考文献

この本の執筆およびイラスト作成にあたっては、こちらの文献を参考にしました。

元素のデータ

『理科年表（平成17年版）』 p.133／国立天文台／丸善（2005）
『エキスパート管理栄養士養成シリーズ7 臨床病態学』伊藤節子 編／化学同人（2004）
『エキスパート管理栄養士養成シリーズ8 食べ物と健康1』
池田清和・柴田克己 編／化学同人（2004）
『新 食品・栄養科学シリーズ3 基礎栄養学』西川善之・灘本知憲 編／化学同人（2003）
『日本人の食事摂取基準（2010年版）』「日本人の食事摂取基準」
策定検討会報告書 平成21年5月 厚生労働省

周期表

『一家に1枚周期表（第4版）』文部科学省（2009）
『完全図解周期表（Newton別冊）』ニュートンプレス（2006）

元素の歴史とキホン

『元素111の新知識――引いて重宝、読んでおもしろい（第2版）』
桜井 弘 編／講談社ブルーバックス（2009）
『金属はなぜ人体に必要か』桜井 弘 著／講談社ブルーバックス（1996）
『金属なしでは生きられない――活性酸素をコントロールする』桜井 弘 著／岩波書店（2006）
『元素の事典』馬淵久夫 編／朝倉書店（1994）
『元素の話』齋藤一夫 著／培風館（1982）
『化学の基本7法則』竹内敬人 著／岩波書店（1998）
『元素を知る事典』村上雅人 編著／海鳴社（2004）
『図解入門　よくわかる最新元素の基本としくみ』山口潤一郎 著／秀和システム（2007）
『図解雑学 元素』富永裕久 著／ナツメ社（2005）
『目で見る元素の世界――身のまわりの元素を調べよう』
斎藤幸一 編／誠文堂新光社（子供の科学サイエンスブックス）（2009）
『元素の小事典（岩波ジュニア新書）』高木仁三郎 著／岩波書店（1999）
『5年の科学 10月号』学習研究社（2006）
『目で見る化学――111種の元素をさぐる』Robert Winston 著／相良倫子訳／さえら書房（2008）
『元素発見の歴史1、2、3』
Mary E. Weeks,Henry M.Leicester 著／大沼正則監訳／朝倉書店（1988～1990）
"The Elements," 3rd Ed.,John Emsley,Oxford University Press（1998）
"Nature's Building Blocks：An A-Z Guide to the Elements,"John Emsley,Oxford University Press（2001）
『元素の百科事典』山崎昶訳／丸善（2003）
"A Guide to the Elements(second edition)," Albert Stwertka,Oxford University Press（2002）

あとがき

誰でも最初に覚えた元素があると思います。僕が最初に覚えたのは「ウラン」です。『はだしのゲン』という映画がキッカケでした。小学生のとき、母親に連れられてこの映画を地元の公民館で見ました。ご存知の方も多いと思いますが『はだしのゲン』は原爆がテーマの映画です。小学生だった僕には、ちょっとショックが強すぎたようで、終わったときには口もきけませんでした。夜眠れなくなり、寝ても覚めてもピカッと光ったあの映像が頭から離れません。そして、原爆のことをどうしても知りたいと思いました。それは知的好奇心というような穏やかなものではなくて、それを知らないと、もうどうにもならないような感じでした。ようするに、ものすごく怖かったんだと思います。そこではじめて、ウランやプルトニウムという元素や、中性子や電子などの原子の世界を知りました。原爆とその仕組みを知るにつれて、恐ろしい気持ちがだんだん和らいでいったのを覚えています。

化学同人の栫井文子さんから、元素周期表の本をつくりたいというお話をいただいたとき、内心、元素なんてどうだっていいじゃんと思いました。自分が何も知らないということもありますが、「原爆が怖い」というような、元素を知ろうとする理由が、今の生活の中には見当たらないのです。どうしようかと考えていた頃、理化学研究所の玉尾皓平先生、京都薬科大学名誉教授の桜井弘先生にお会いして、元素クライシスや、人体と金属の関係など、実は自分と元素が深くかかわっていることを教えていただきました。その驚きをそのまま束ねたのがこの本です。元素なんてどうだってよかった自分に、こんな本なら読んでもらいたい。そういう本になった気がしています。

執筆にあたり、ライターであり妹の梶谷牧子に、ほとんど共著といってよいほど多くの部分を手伝っていただきました。それから、直接お会いすることはできませんでしたが、ご監修いただいた寺嶋孝仁先生にも、この場を借りてお礼申し上げます。化学同人の栫井さんには、2年以上にわたり取材から資料から校正まで、あらゆる面でお世話になりました。本当に感謝の言葉もありません。

みなさま、本当にありがとうございました。

二〇〇九年六月二十日　寄藤文平

文庫版によせて

　この本をつくったのは２００９年。あれから5年が経ち、このたび文庫化することになりました。ここまでたくさんの方々に読んでいただいて、ほんとうにうれしく思います。

　この5年のあいだに、いろいろな変化がありました。あとがきに、原爆への恐怖のような切実さが、現在の自分の周囲には見当たらないと書きましたが、このあとがきは訂正しなければならないでしょう。元素はあの時よりもずっと切実な存在になりました。セシウム、ヨウ素、ストロンチウム、プルトニウム。東日本大震災と原子力発電所の事故の後、それらの元素の名前が日常生活の中にあふれるようになりました。周囲には、自分でガイガーカウンターをもって放射線を計測している人もいますし、放射能と放射線と放射性物質の違いや、シーベルトやベクレルといった単位について、みんな詳しくなりました。本の中で「みんなが少しずつ科学者になって」と締めくくったのですが、僕が考えていたのとはまったく違った形で、それが実現されてしまったようです。セシウムは指揮者のようなキャラクターにしたのですが、そのノホホンとしたキャラクターに、我ながら腹を立てていいのやら、癒されていいのやら。

一方で、新しく名前がついた元素がいくつもありました。112番の元素「コペルニシウム」、114番の元素「フレロビウム」、116番の元素「リバモリウム」、さらに113番の元素が日本で確認され、今は命名を待っているとか。版を重ねるタイミングで新しい元素名を加えるのは、僕のひそかな楽しみです。

また、この本を読んでくださった方々から、たくさんの愛読書ハガキや感想をいただきました。「もっと早く出会いたかった」とか、「自分の勉強にとても役立った」といった声をいただくと、とても励まされます。現在、日本のほかに8カ国で外国語版が出版されています。ちょこちょこチンポコ丸出しの絵があったりするので、外国語版は難しいといわれていたのですが、なぜかその辺りはスルーされたみたいです。きっと、元素のような大きなスケールに照らせば、チンポコを出す出さないといったことは些細な問題にすぎない、という僕のメッセージが、国境を超えて伝わったのに違いありません。海外の方々からも面白いという声をいただいて、本当にありがたいことです。

この文庫版も5年後にはまた違った内容になっていることでしょう。その変化が、より明るくおおらかなものであることを願っています。

二〇一五年二月　寄藤文平

寄藤文平 よりふじ・ぶんぺい

1973 年長野県生まれ。イラストレーター。
武蔵野美術大学中退。JT広告「大人たばこ養成講座」をはじめ、
広告や装丁などで活躍中。著書に、『死にカタログ』（大和書房）、
『数字のモノサシ』（大和書房）、共著に『大人たばこ養成講座』（美術出版社）、
『ウンココロ』（実業之日本社）、『地震イツモノート』（木楽舎）などがある。
www.bunpei.com

●「スーパー元素周期表」は以下からダウンロードできます●
本書のHP▶ http://www.kagakudojin.co.jp/book/b193685.html
単行本『元素生活』のHP▶ http://www.kagakudojin.co.jp/book/b50191.html

元素生活（文庫版）
2015 年 3 月 30 日 第 1 刷発行

著　者　寄藤文平
発行者　曽根良介
発行所　化学同人
京都市下京区仏光寺通柳馬場西入ル
編集部　TEL 075-352-3711　FAX 075-352-0371
営業部　TEL 075-352-3373　FAX 075-351-8301
振替　01010-7-5702
E-mail　webmaster@kagakudojin.co.jp
URL　http://www.kagakudojin.co.jp

印刷・製本　創栄図書印刷
乱丁・落丁本は送料小社負担にてお取りかえいたします。

　ISBN 978-4-7598-1595-5